"十四五"时期国家重点出版物出版专项规划项目

大宗工业固体废弃物制备绿色建材技术研究丛书（第二辑）

管廊工程中废钢渣混凝土
材料设计与应用

杨三强　王　举　刘　娜　于　磊◎编著

U0177888

中国建材工业出版社

北　京

图书在版编目（CIP）数据

管廊工程中废钢渣混凝土材料设计与应用/杨三强
等编著．--北京：中国建材工业出版社，2024.1
（大宗工业固体废弃物制备绿色建材技术研究丛书/
王栋民主编．第二辑）
ISBN 978-7-5160-3307-4

Ⅰ.①管…　Ⅱ.①杨…　Ⅲ.①钢渣－制备－混凝土－
研究　Ⅳ.①TU528.062

中国版本图书馆 CIP 数据核字（2021）第 191584 号

管廊工程中废钢渣混凝土材料设计与应用

GUANLANG GONGCHENG ZHONG FEIGANGZHA HUNNINGTU CAILIAO SHEJI YU YINGYONG

杨三强　王　举　刘　娜　于　磊 ◎ 编著

出版发行：中国建材工业出版社

地　　址：北京市海淀区三里河路 11 号

邮　　编：100831

经　　销：全国各地新华书店

印　　刷：北京印刷集团有限责任公司

开　　本：787mm×1092mm　1/16

印　　张：9.25

字　　数：180 千字

版　　次：2024 年 1 月第 1 版

印　　次：2024 年 1 月第 1 次

定　　价：56.00 元

《大宗工业固体废弃物
制备绿色建材技术研究丛书》（第二辑）
编 委 会

院 士 推 荐
RECOMMENDATION

　　我国有着优良的利废传统，早在中华人民共和国成立初期，聪明的国人就利用钢厂、玻璃厂、陶瓷厂等工业炉窑排放的烟道飞灰，替代一部分水泥生产混凝土。随着我国经济的高速发展，社会生活水平不断提高以及工业化进程逐渐加快，工业固体废弃物呈现了迅速增加的趋势，给环境和人类健康带来危害。我国政府工作报告曾提出，要加强固体废弃物和城市生活垃圾分类处置，促进减量化、无害化、资源化，这是国家对技术研究和工业生产领域提出的时代新要求。

　　中国建材工业出版社利用其专业优势和作者资源，组织国内固废利用领域学术团队编写《大宗工业固体废弃物制备绿色建材技术研究丛书》（第二辑），阐述如何利用钢渣、循环流化床燃煤灰渣、废弃石材等大宗工业固体废弃物，制备胶凝材料、混凝土掺和料、道路工程材料等建筑材料，推进资源节约，保护环境，符合国家可持续发展战略，是国内材料研究领域少有的引领性学术研究类丛书，希望这套丛书的出版可以得到国家的关注和支持。

中国工程院　姜德生院士

院士推荐
RECOMMENDATION

我国是人口大国，近年来基础设施建设发展快速，对胶凝材料、混凝土等各类建材的需求量巨大，天然砂石、天然石膏等自然资源因不断消耗而面临短缺，能部分替代自然资源的工业固体废弃物日益受到关注，某些区域工业废弃物甚至出现供不应求的现象。

中央全面深化改革委员会曾审议通过《"无废城市"建设试点工作方案》，这是党中央、国务院为打好污染防治攻坚战做出的重大改革部署。我国学术界有必要在固体废弃物资源化利用领域开展深入研究，并促进成果转化。但固体废弃物资源化是一个系统工程，涉及多种学科，受区域、政策等多重因素影响，需要依托社会各界的协同合作才能稳步前进。

中国建材工业出版社组织相关领域权威专家学者编写《大宗工业固体废弃物制备绿色建材技术研究丛书》（第二辑），讲述用固废作为原材料，加工制备绿色建筑材料的技术、工艺与产业化应用，有利于加速解决我国资源短缺与垃圾"围城"之间的矛盾，是值得国家重视的学术创新成果。

中国科学院　何满潮院士

丛书前言

PREFACE TO THE SERIES

　　《大宗工业固体废弃物制备绿色建材技术研究丛书》（第一辑）自出版以来，在学术界、技术界和工程产业界都获得了很好的反响，在作者和读者群中建立了桥梁和纽带，也加强了学者与企业家之间的联系，促进了产学研的发展与进步。作为专著丛书中一本书的作者和整套丛书的策划者以及丛书编委会的主任委员，我激动而忐忑。丛书（第一辑）全部获得了国家出版基金的资助出版，在图书出版领域也是一个很高的荣誉。缪昌文院士和张联盟院士为丛书作序，对于内容和方向给予极大肯定和引领；众多院士和学者担任丛书顾问和编委，为丛书选题和品质提供保障。

　　"固废与生态材料"作为一个事情的两个端口经过长达10年的努力已经越来越多地成为更多人的共识，这其中"大宗工业固废制备绿色建材"又绝对是其中的一个亮点。在丛书第一辑中，已就煤矸石、粉煤灰、建筑固废、尾矿、冶金渣在建材领域的各个方向的制备应用技术进行了专门的论述，这些论述进一步加深了人们对于物质科学的理解及对于地球资源循环转化规律的认识，为提升人们认识和改造世界提供新的思维方法和技术手段。

　　面对行业进一步高质量发展的需求以及作者和读者的一致呼唤，中国建材工业出版社联合中国硅酸盐学会固废与生态材料分会组织了《大宗工业固体废弃物制备绿色建材技术研究丛书》（第二辑），在第二辑即将出版之际，受出版社委托再为丛书写几句话，和读者交流一下，把第二辑的情况作个导引阅读。

　　第二辑共有8册，内容包括钢渣、矿渣、镍铁（锂）渣粉、循环流化床电厂燃煤灰渣、花岗岩石材固废等固废类别，产品类别包括地质聚合物、胶凝材料、泡沫混凝土、辅助性胶凝材料、管廊工程混凝土等。第二辑围绕上述大宗工业固体废弃物处置与资源化利用这一核心问题，在对其物相组成、结构特性、功能研究以及将其作为原材料制备节能环保建筑材料的研究开发及应用的基础上，编著成书。

中国科学院何满潮院士和中国工程院姜德生院士为丛书（第二辑）选题进行积极评价和推荐，为丛书增加了光彩；丛书（第二辑）入选"'十四五'时期国家重点出版物环境科学出版专项规划项目"。

固废是物质循环过程的一个阶段，是材料科学体系的重要一环；固废是复杂的，是多元的，是极富挑战的。认识固废、研究固废、加工利用固废，推动固废资源进一步转化和利用，是材料工作者神圣而光荣的使命与责任，让我们携起手来为固废向绿色建材更好转化做出我们更好的创新型贡献！

王栋民

中国硅酸盐学会　常务理事

中国硅酸盐学会固废与生态材料分会　理事长

中国矿业大学（北京）　教授、博导

院士推荐
(第一辑)
RECOMMENDATION

　　大宗工业固体废弃物产生量远大于生活垃圾，是我国固体废弃物管理的重要对象。随着我国经济高速发展，社会生活水平不断提高以及工业化进程逐渐加快，大宗工业固体废弃物呈现了迅速增加的趋势。工业固体废弃物的污染具有隐蔽性、滞后性和持续性，给环境和人类健康带来巨大危害。对工业固体废弃物的妥善处置和综合利用已成为我国经济社会发展不可回避的重要环境问题之一。当然，随着科技的进步，我国大宗工业固体废弃物的综合利用量不断增加，综合利用和循环再生已成为工业固体废弃物的大势所趋，但近年来其综合利用率提升较慢，大宗工业固体废弃物仍有较大的综合利用潜力。

　　我国"十三五"规划纲要明确提出，牢固树立和贯彻落实创新、协调、绿色、开放、共享的新发展理念，坚持节约资源和保护环境的基本国策，推进资源节约集约利用，做好工业固体废弃物等大宗废弃物资源化利用。中国建材工业出版社协同中国硅酸盐学会固废与生态材料分会组织相关领域权威专家学者撰写《大宗工业固体废弃物制备绿色建材技术研究丛书》，阐述如何利用煤矸石、粉煤灰、冶金渣、尾矿、建筑废弃物等大宗固体废弃物来制备建筑材料的技术创新成果，适逢其时，很有价值。

　　本套丛书反映了建筑材料行业引领性研究的技术成果，符合国家绿色发展战略。祝贺丛书第一辑获得国家出版基金的资助，也很荣幸为丛书作推荐。希望这套丛书的出版，为我国大宗工业固废的利用起到积极的推动作用，造福国家与人民。

中国工程院　缪昌文院士

院士推荐
(第一辑)
RECOMMENDATION

习近平总书记多次强调，绿水青山就是金山银山。随着生态文明建设的深入推进和环保要求的不断提升，化废弃物为资源，变负担为财富，逐渐成为我国生态文明建设的迫切需求，绿色发展观念不断深入人心。

建材工业是我国国民经济发展的支柱型基础产业之一，也是发展循环经济、开展资源综合利用的重点行业，对社会、经济和环境协调发展具有极其重要的作用。工业和信息化部发布的《建材工业发展规划（2016—2020年)》提出，要坚持绿色发展，加强节能减排和资源综合利用，大力发展循环经济、低碳经济，全面推进清洁生产，开发推广绿色建材，促进建材工业向绿色功能产业转变。

大宗工业固体废弃物产生量大，污染环境，影响生态发展，但也有良好的资源化再利用前景。中国建材工业出版社利用其专业优势，与中国硅酸盐学会固废与生态材料分会携手合作，在业内组织权威专家学者撰写了《大宗工业固体废弃物制备绿色建材技术研究丛书》。丛书第一辑阐述如何利用粉煤灰、煤矸石、尾矿、冶金渣及建筑废弃物等大宗工业固体废弃物制备路基材料、胶凝材料、砂石、墙体及保温材料等建材，变废为宝，节能低碳；第二辑介绍如何利用钢渣、矿渣、镍铁（锂）渣粉、循环流化床电厂燃煤灰渣、花岗岩石材固废等制备建筑材料的相关技术。丛书第一辑得到了国家出版基金资助，在此表示祝贺。

这套丛书的出版，对于推动我国建材工业的绿色发展、促进循环经济运行、快速构建可持续的生产方式具有重大意义，将在构建美丽中国的进程中发挥重要作用。

中国工程院　张联盟院士

丛 书 前 言
（第一辑）

PREFACE TO THE SERIES

中国建材工业出版社联合中国硅酸盐学会固废与生态材料分会组织国内该领域专家撰写《大宗工业固体废弃物制备绿色建材技术研究丛书》，旨在系统总结我国学者在本领域长期积累和深入研究的成果，希望行业中人通过阅读这套丛书而对大宗工业固废建立全面的认识，从而促进采用大宗固废制备绿色建材整体化解决方案的形成。

固废与建材是两个独立的领域，但是却有着天然的、潜在的联系。首先，在数量级上有对等的关系：我国每年的固废排出量都在百亿吨级，而我国建材的生产消耗量也在百亿吨级；其次，在成分和功能上有对等的性能，其中无机组分可以谋求作替代原料，有机组分可以考虑作替代燃料；第三，制备绿色建筑材料已经被认为是固废特别是大宗工业固废利用最主要的方向和出路。

吴中伟院士是混凝土材料科学的开拓者和学术泰斗，被称为"混凝土材料科学一代宗师"。他在二十几年前提出的"水泥混凝土可持续发展"的理论，为我国水泥混凝土行业的发展指明了方向，也得到了国际上的广泛认可。现在的固废资源化利用，也是这一思想的延伸与发展，符合可持续发展理论，是环保、资源、材料的协同解决方案。水泥混凝土可持续发展的主要特点是少用天然材料、多用二次材料（固废材料）；固废资源化利用不能仅仅局限在水泥、混凝土材料行业，还需要着眼于矿井回填、生态修复等领域，它们都是一脉相承、不可分割的。可持续发展是人类社会至关重要的主题，固废资源化利用是功在当代、造福后人的千年大计。

2015 年后，固废处理越来越受到重视，尤其是在党的十九大报告中，在论述生态文明建设时，特别强调了"加强固体废弃物和垃圾处置"。我国也先后提出"城市矿产""无废城市"等概念，着力打造

"无废城市"。"无废城市"并不是没有固体废弃物产生，也不意味着固体废弃物能完全资源化利用，而是一种先进的城市管理理念，旨在最终实现整个城市固体废弃物产生量最小、资源化利用充分、处置安全的目标，需要长期探索与实践。

这套丛书特色鲜明，聚焦大宗固废制备绿色建材主题。第一辑涉猎煤矸石、粉煤灰、建筑固废、冶金渣、尾矿等固废及其在水泥和混凝土材料、路基材料、地质聚合物、矿井充填材料等方面的研究与应用。作者们在书中针对煤电固废、冶金渣、建筑固废和矿业固废在制备绿色建材中的原理、配方、技术、生产工艺、应用技术、典型工程案例等方面都进行了详细阐述，对行业中人的教学、科研、生产和应用具有重要和积极的参考价值。

这套丛书的编撰工作得到缪昌文院士、张联盟院士、彭苏萍院士、何满潮院士、欧阳世翕教授和晋占平教授等专家的大力支持，缪昌文院士和张联盟院士还专门为丛书做推荐，在此向以上专家表示衷心的感谢。丛书的编撰更是得到了国内一线科研工作者的大力支持，也向他们表示感谢。

《大宗工业固体废弃物制备绿色建材技术研究丛书》（第一辑）在出版之初即获得了国家出版基金的资助，这是一种荣誉，也是一个鞭策，促进我们的工作再接再厉，严格把关，出好每一本书，为行业服务。

我们的理想和奋斗目标是：让世间无废，让中国更美！

中国硅酸盐学会　　常务理事
中国硅酸盐学会固废与生态材料分会　　理事长
中国矿业大学（北京）　　教授、博导

前 言

PREFACE

本书从工程实际出发，对管廊工程中废钢渣混凝土原材料的选取、配合比设计、力学性能试验分析进行阐述，并进一步对管廊工程中垫层料钢渣水泥的制备及影响因素进行了分析，重点讨论了各因素对废钢渣混凝土材料的力学性能影响。

钢渣作为一种工业废料，产量巨大，主要应用于建筑行业，用于制备钢渣混凝土、钢渣水泥等材料，其作为原材料制备出的混凝土、水泥等产品价格低廉，性能优良。钢渣混凝土材料应用在管廊工程中作为配重层，改善了负浮力对于管廊的破坏，使得管廊工程承受的正压力增大，管廊变形减小，从而增强了管廊工程的稳定性。

我国对钢渣混凝土的研究与使用已经有了一定的发展，但多数是针对道路工程、桥梁工程等制备的混凝土，在管廊工程中钢渣混凝土力学性能的研究较少，对于各因素对钢渣混凝土力学性能的分析不够全面，对于如何减少管廊工程变形影响分析的考虑欠缺。因此，开展管廊工程中废钢渣混凝土的设计与应用研究就显得尤为重要，这不仅可为广大工程建设者提供工程建设理论基础，同时也为管廊工程中钢渣混凝土的性能发挥及合理应用提供依据。

本书的主要内容包括 9 章。

第 1 章介绍了有关管廊工程中钢渣混凝土的应用背景以及国内外研究现状，在国内外研究现状的基础上，分析和总结现有技术的不足之处，并对本书的研究内容和技术路线进行叙述。

第 2 章首先对钢渣主要处理工艺及钢渣的基础物性进行阐述，根据其物理特性，最后总结出钢渣主要应用于钢渣水泥、钢渣混凝土、钢渣返炼钢铁等。

第 3 章对管廊工程进行了简介，讲述了管廊的类型及适用条件，接着介绍其发展历程及结构设计，最后对管廊工程的施工方式进行了详细的介绍，提出管廊工程混凝土配重层存在的问题。

第4章介绍了钢渣混凝土原材料的选取原则，首先介绍几种原材料的特点及性能，然后对原材料进行选择试验，通过检测其化学成分及微观结构分析，最终确定原材料的性能指标。

第5章首先介绍了普通混凝土的配合比设计原理，通过对比钢渣混凝土与普通混凝土配合比设计差异，根据钢渣混凝土设计要点及要求，对钢渣混凝土配合比设计方法进行探究，对其主要参数关系进行试验研究，最终使用质量法与体积法相结合的方法得出钢渣混凝土配合比公式，并对其验证。

第6章对废弃钢渣混凝土力学性能进行了试验分析，主要从用水量、骨料级配、掺和料及含气量四方面研究了对钢渣混凝土力学性能的影响，同时利用灰色关联理论分析了各影响因素对钢渣混凝土力学性能的影响程度，并使用多元回归分析的方法探究了各因素含量与力学性能之间存在的函数关系。

第7章主要对管廊工程垫层料钢渣水泥进行了介绍。通过介绍原材料性能指标，对钢渣水泥性能检测试验进行了阐述，最终基于多元回归分析总结出各因素含量对水泥的影响规律。

第8章对阜平县实际工程案例进行了介绍。通过 ANSYS 有限元软件，对阜平县管廊结构进行设计建模，并通过施加荷载来探究各因素对管廊结构受力变形的影响。

第9章主要对本书的研究结论进行了总结陈述。

本书是著者多年从事路面工程建设和科研的成果，编写时参考学习了众多专家学者发表的论文著作，特别是为了清晰阐述，采用了他们成果中的图表。在此深表谢意。

希望本书能够为我国钢渣混凝土材料研究和应用人员及相关专业的研究生提供参考和帮助。

由于作者水平有限，书中不当之处在所难免，望读者不吝指正。

作　者
2023 年 9 月

目 录
CONTENTS

1 绪　　论

进入 21 世纪以来，我国管廊工程进入发展新时期，据不完全统计，全国建设里程约 800km，主要有北京、上海、深圳、苏州、沈阳等少数几个城市建有综合管廊，究其原因，管廊工程的建设受到了浅水地层地下浮力的阻碍，综合管廊建设的一次性投资常常高于管线独立铺设的成本，本书主要以管廊工程中钢渣混凝土的设计及应用为主要内容，介绍了钢渣及管廊工程的发展现状，从原材料选取、配合比设计、性能评价及在管廊工程中仿真分析等方面对管廊工程中钢渣混凝土的基本情况进行了阐述。

1.1　问题的提出

随着城市的迅速发展，电力、通信、水利、热力等设施的出现，原有的地下错综复杂的各种市政管线已经不能满足建设现代化城市的需要，一旦局部市政管线出现问题，维修起来将十分困难，有时则需要破除城市主干路，严重影响城市交通及人们的正常生活。

于是综合管廊应运而生，上海世博会的世博园区内广泛地运用了综合管廊技术，用以收纳沿途的通信、电力、供水管线，该管廊总长约 6.4km，其中预应力综合管廊示范段全长约 200m。在国外，综合管廊的发展历经数十年，其现代化、科学化程度更是远高于国内。城市综合管廊建设能够解决反复开挖路面、架空线网密集、管线事故频发等问题，有利于保障城市安全、完善城市功能、美化城市景观、促进城市集约高效和转型发展，有利于提高城市综合承载能力和城镇化发展质量，有利于增加公共产品有效投资、拉动社会资本投入、打造经济发展新动力。

随着国内城市综合管廊建设政策环境的持续改善以及资金投入的不断加大，国内综合管廊的总体发展趋势向着建设标准高、投入大的趋势不断发展，如何合理开发、利用地下空间已经成为一项重要的研究课题。城市地下综合管廊是用于容纳各种市政管线而在地下建立的隧道工程，是城市的生命线，在未来城市建设中将会发挥重要作用。自 2014 年 6 月 14 日国务院办公厅下发《关于加强城市地下管线建设管理的指导意见》开始，到 2015 年 8 月 3 日国务院办公厅下发《关于推进城市地下综合管廊建设的指导意见》到 2016 年 2 月 21 日住房城乡建设部关于发布国家标准《城市综合管廊工程技术规范》（GB 50838—2015）的公告，可以看出国家在政策层面对城市综合管廊的推进和支持力度不断加大。

因地理环境条件的不同，一些地区管廊工程的建设受到了浅水地层地下浮力的阻碍，这时普通管廊工程的经验和理论并不完全适用，有学者通过试验得出将钢渣粉或高炉矿渣粉掺混在混凝土中，可进一步提高混凝土的性能。

因此，开展管廊工程中高密度钢渣混凝土的试验研究及性能测试就显得极为重要，这不仅可以为广大工程建设者提供工程建设理论基础，同时也使废钢渣资源得到了循环利用，为钢渣混凝土的性能发挥及和合理应用提供了依据。

1.2 国内外研究现状

目前钢渣混凝土在国内外应用非常广泛，本节主要从国外和国内两方面对钢渣混凝土的研究现状进行总结描述。

1.2.1 国外研究现状

由于国外钢铁业开展得较早，也于早期注意到了钢渣的综合利用问题。美国、欧洲、日本等先期开展钢渣综合利用研究的国家和地区已基本实现了钢渣的100％利用，利用率很高[1-5]。一方面是研究比较充分，另一方面也是由于其产量较少。据统计，日本近年钢渣总量维持在1500万t左右，其中32％用于土木工程，26％用于回炉烧结料，26％用于道路工程，16％用于其他用途。由于钢渣中含有CaO、SiO_2、Fe_xO_y等化学组分，使钢渣可以作为水泥掺和料。另外，钢渣独特的性质，如强度、硬度都较高，且耐磨性、耐久性较强，使得钢渣最广泛的利用途径就是作为道路路基材料用于建筑行业中；而钢渣的强度高和耐磨性特点又能使其替代玄武岩等材料作为沥青混凝土中的骨料使用；近年来钢渣还被利用到海洋工程中，如制成防浪块，用于海堤工程、制成混凝土应用于海底鱼礁[6-10]。此外，日本和我国的一些研究者还利用钢渣碱性、多元素的特性，将钢渣与其他物质混合制成土壤的改良材料，增强土壤的物理化学性能。

在美国，钢渣主要有以下几种用途[11-13]：钢渣作为替代玄武岩等普通骨料配制混凝土用于道路或桥梁工程中；钢渣作为水泥掺和料；钢渣用于土壤改良剂；钢渣作冶金炉填料等。与普通混凝土比较，钢渣混凝土抗弯、抗压、劈拉强度和弹性模量指标较高，但其干缩性能较低。通过试验验证，具有较好力学性能的钢渣混凝土，应用在道路工程中可以达到预期的效果。

据调查显示，其他国家的钢渣的应用也较为广泛。欧洲国家[14-20]的钢渣综合利用研究主要集中在道路基建材料、微粉化胶凝材料、土壤肥料以及建筑材料等方面。通过不同综合利用途径的开展，欧洲的钢渣利用率得到了大大的提高。在新西兰，研究者利用钢渣多孔性等特点，将其作为一种环保治理药剂，用于治理河道水体，效果显著。在加拿大，钢渣可以作为水泥掺和料配制混凝土，也可以作为骨料配制沥青混凝土，还可以作为筑路材料。在英国，钢渣已经成为一种副产品。希腊利用钢渣制备混凝土材料，应用到海堤和海岸防护的修护中，主要是用于修筑海堤和海岸护坡。在南非，钢渣用于铺设高速公路。在伊朗，钢渣混凝土被作为铺路材料使用。

1.2.2　国内研究现状

近年来我国对钢渣的综合利用越来越重视，部分企业针对钢渣的回收利用制定了一系列方针措施，如对已经废弃堆积的钢渣山进行翻挖回收；钢渣处理厂等企业也建立了钢渣破碎磁选生产线，对钢渣进行回收再利用。但由于钢渣的综合利用技术相对落后，钢渣的利用率仍然不高：在水泥生产方面的利用率低于 7％，在回填、工程筑路、农业肥料以及油田建设等方面的资源利用流失比例依旧很大[21-23]。

随着现代混凝土等混合材料的发展，钢渣作为混凝土的外加剂和掺和料也随之发展。钢渣不仅可以直接作为掺和料添加到混凝土中，将钢渣磨细后形成的钢渣粉也可作为混凝土掺和料，目前，钢渣粉的研究还处于起步阶段，并没有在工程中大规模应用。仲晓林等人于 20 世纪 90 年代初，将磨细钢渣作为泵送混凝土掺和料进行研究和应用，试验发现掺入磨细钢渣后混凝土的强度及耐久性等均有一定程度的提高，与水泥有很好的适应性，这是我国首次将钢渣粉作为混凝土掺和料的研究。

通过不断研究发现，钢渣细度提高可以显著激发钢渣的潜在活性[24-26]。研究人员进一步研究了磨细钢渣对混凝土力学性能、安定性及耐久性的影响并配制出 C60 强度等级高性能钢渣混凝土。研究结果表明：钢渣粉掺量在 20％以内时，钢渣混凝土与素混凝土强度相差不大；当掺量大于 20％后，随钢渣掺量的增加，钢渣混凝土的各项强度均有不同程度的降低，磨细钢渣粉在混凝土中使用无安定性问题。

孙家瑛[27-29]试验得出了钢渣粉最优掺量，即钢渣微粉掺量为 10％，此时混凝土 28d 抗压强度最高且耐久能力最佳。研究人员通过研究还发现添加了矿渣的钢渣混凝土具有较好的力学性能。张爱平、李永鑫（2006 年）通过试验得出，当钢渣：矿渣为 3：7 时力学性能最好的结论。唐卫军、任中兴等（2006 年）研究证实钢渣-矿渣混凝土的工作性能良好。

近几年，钱觉时、李长太等[30-32]（2004 年）人在 D. D. L. Chung 和 Feldman, R. F. 研究的基础上，进行了钢渣混凝土导电性能的研究，分析了硅灰、粉煤灰对钢渣混凝土导电性能的影响。随后，唐祖全（2006 年）等研究了钢渣掺量和钢渣细度对混凝土导电性的影响，通过研究发现混凝土的电阻率随着钢渣掺量的增大和钢渣粉磨细时间增长而降低，钢渣混凝土的造价比碳纤维、石墨混凝土低而且力学强度相对较高。贾兴文、钱觉时等进一步研究了钢渣混凝土的压敏性，通过试验得到了最优钢渣掺量，即钢渣：混凝土为 1：4，此时钢渣混凝土的导电性能及力学性能均良好，钢渣混凝土的压敏性随钢渣掺量的增加而增强，而钢渣细度对钢渣混凝土压敏性无显著影响。这一系列研究成果表明，利用钢渣制备的导电混凝土可以用于混凝土结构的应力诊断与自监控、电力设备接地等诸多方面，为合理利用钢渣开辟了新的途径。

钢渣混凝土不仅可以作为导电混凝土使用，经试验验证，在道路工程中使用也有较好的效果[33]。用于筑路的钢渣混凝土性能优良而且节省了大量水泥，减少了水泥生产所带来的环境污染。张亮亮、卢忠飞等用风淬粒化钢渣代替天然砂配制道路混凝土，试验结果表明加入风淬粒化钢渣的混凝土具有良好的性能，减少了混凝土用水量。近年来，研究人员通过添加外加剂和掺和料的方法不断改良钢渣混凝土性能。刘军将粉煤灰添加进钢渣混凝土中，通过试验测出最优配比的混凝土，即粉煤灰代替 20% 的水泥，钢渣代替 15% 的砂子，并将该最优配比的粉煤灰-钢渣混凝土应用于 209 国道柳长路，经柳州市建设工程质量检测中心检测其抗折和抗压强度均满足要求。

此外，钢渣混凝土还应用于海堤工程中[34]。徐忠琨将钢渣混凝土制作成护面块体用于海堤工程中，并在东海圈围工程和芦潮港临港工程中实际应用，经验证，钢渣混凝土均能满足施工要求，并且取得了较好的经济和社会效益。

纵观钢渣混凝土的研究情况，国内的科研机构和施工单位通过学习并汲取别国的经验，已经通过多次试验与改善对钢渣混凝土配合比设计进行总结和研究，成功制作出性能优良的钢渣混凝土材料。通过开展对钢渣混凝土性能试验研究，我国也开发出适应于不同环境、多种类的钢渣混凝土材料，这些材料不仅实现了废弃钢渣的资源化利用，同时也节约了制造混凝土的开发成本，调高了混凝土的强度性能指标，实现了建筑材料行业的可持续发展，并产生了巨大的社会效益和经济效益。但是目前国内外对于钢渣混凝土的研究与使用，仅适用于道路工程、桥梁工程等，针对这些都有特定的钢渣混凝土配合比设计研究，但是对于管廊工程中钢渣混凝土的设计与应用较少，对于其管廊工程中使用的混凝土材料也主要是施工方式与管廊结构设计等方向的研究，对于提升管廊工程中混凝土性能研究方面较少，而钢渣作为一种废弃资源，它的使用不仅能够实现资源循环利用，同时也能够通过其特性，改善混凝土性能，进而将其应用于管廊工程，提升管廊的结构稳定性及使用寿命。因此，管廊工程中钢渣混凝土的设计与应用研究就显得极为重要。

1.3 研究路线和技术路线

1.3.1 研究内容

本书依托 2019 年河北省建设厅科技项目（编号：1300000021）、河北省交通运输厅科技项目（编号：TH-201918）和阜平县城区市政道路基础设施建设苍山东路道路工程（一期）进行撰写。同时本书将在钢渣混凝土国内外研究现状的基础上，分析和总结国内外研究现状的不足之处，并在河北省阜平县苍山东路现场铺筑试验段，采用配合比试验与管廊工程配重有限元仿真模拟分析相结合的方式，系统、全面地研究钢渣混凝土在管廊工程中的最佳配比及结构特性，以明确管廊工程中钢渣混凝土的结构性能及使用效果，同时提出管廊工程中配重混凝土设计的关键影响因素及控制指标，为管廊工程在工程建设中的合理设计及应用提供技术支持。通过对国内外研究现状的总结分析，研究了钢渣混凝土研究过程中的优势和不足之处，开发过程中的优势和不足之处，总结如下：

1. 废钢渣混凝土原材料的选择

对钢渣混凝土原材料的选取原则进行了详细的介绍和分析，最终确定原材料选取包括水、掺和料、外加剂、骨料及水共同制备钢渣混凝土；对于钢渣混凝土所使用的钢渣进行了更进一步的研究和分析，通过对钢渣原材料的检测与分析，最终确定实验所使用的钢渣品种；对钢渣混凝土各原材料技术指标进行了分析，主要从水泥、粉煤灰、减水剂和细骨料四个方面对最终确定的原材料进行了检验与分析。

2. 废钢渣混凝土配合比设计

通过对钢渣混凝土材料进行配合比设计研究，最终确定了管廊工程中钢渣混凝土的最佳配合比；对普通混凝土及废旧钢渣混凝土配合比设计原理进行了对比分析，最终确定了钢渣混凝土的设计指导原则及配合比设计思路；对废旧钢渣混凝土配合比设计原则进行了详细的介绍，主要包括设计原则、设计要点及设计要求；对废旧钢渣混凝土配合比设计方法进行了对比研究，通过方法的研究，探究了用水量、骨料级配、掺和料及含气量对废旧钢渣混凝土密度的影响，最终采用体积与质量法相结合的方式对废旧钢渣混凝土进行配合比设计。

3. 废钢渣混凝土性能试验研究

通过对废钢渣混凝土力学性能的研究与分析，确定了各因素对废钢渣混凝土力学性能的影响规律，同时根据灰关联的方法对各因素进行了分析，确定了影响废钢渣混凝土性能的主要因素，最终通过多元回归分析的方式确定了影响力学性能的主要方程。

4. 钢渣水泥的性能试验研究

基于灰关联和多元回归分析的方法，对废弃钢渣水泥性能进行了试验研究，确定了钢渣水泥的原材料指标、各因素对钢渣水泥性能的影响以及钢渣水泥原材料的性能指标；对钢渣水泥性能进行了几个指标的处理及分析，探究了粉煤灰、激发剂、钢渣、矿渣等材料对于钢渣水泥性能的影响规律；基于灰关联理论，探究各因素对钢渣水泥性能的影响规律，各因素对于钢渣水泥材料性能的影响大小主要与粉煤灰和激发剂含量有关；基于多元回归分析理论，对钢渣水泥材料性能的影响进行了探究，使用 SPSS 软件对结果进行分析处理，最后得出在钢渣水泥的性能中粉煤灰及激发剂对于性能影响较大的结论。

5. 管廊工程中废钢渣混凝土有限元仿真分析

通过阜平县工程案例的实际分析，对于管廊工程中配重混凝土性能进行了进一步的探究，对于其在实际工程中的性能有了更加全面的了解；使用 ANSYS 软件对于管廊工程中使用配重混凝土之后可能产生的影响及对于管廊能够承受的应力和应变做了进一步的测试，结果显示，管廊工程中使用废钢渣混凝土可以进一步提升其工作性能，并使管廊的破坏减小，实现废钢渣资源化利用。

1.3.2　技术路线

管廊工程中废钢渣混凝土材料设计与应用技术路线如图 1-1 所示。

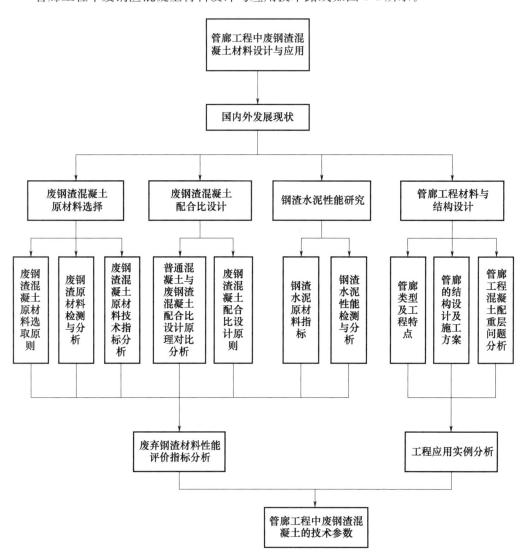

图 1-1　管廊工程中废钢渣混凝土材料设计与应用技术路线

2 废弃钢渣现状分析

钢渣混凝土通常是表观密度大于 $2.8 \times 10^3 \mathrm{kg/m^3}$，用密实度较高和表观密度大的骨料制成的一种特殊混凝土，因其具有不透 X 射线和 γ 射线的性能，以前主要作为核工程的屏蔽结构材料，因此又称防辐射混凝土。

钢渣[35]是一种铁矿物经高温冶炼后形成的残留物，在温度 1500～1700℃下形成，高温下呈液态，缓慢冷却后呈块状。它是炼钢后排除的废渣，主要由钙、铁、硅、镁和少量铝、锰、磷等的氧化物组成，主要的矿物相为硅酸三钙、硅酸二钙、钙镁橄榄石、钙镁蔷薇辉石、铁铝酸钙以及硅、镁、铁、锰、磷的氧化物形成的固熔体，以及少量游离氧化钙、金属铁、氟磷灰石等。有的地区因矿石含钛和钒，钢渣中也稍含有钛和钒等成分。钢渣呈灰褐色，呈蜂窝状或密实的状态，质地较为坚硬（图 2-1），是一种廉价、广泛的材料，已逐渐被应用于建筑领域。

图 2-1　钢渣

在国内，普通钢渣中选用的骨料主要是用重晶石、赤铁矿、磁铁矿、褐铁矿、铁砂、铁粒等高密度矿石作为骨料与水泥、水等按适当比例配制，经混合搅拌，硬化成型，密度可达到 $3.2 \times 10^3 \mathrm{kg/m^3}$ 以上。其主要应用在建筑、医疗、农业、核工程等特殊行业。

钢渣目前多是用筛分后的钢渣按照一定的级配，与少量细砂混合成骨料，加上水泥、矿粉等胶凝材配制而成[36-40]。其多用于一些有特殊设计要求或者特殊工程、场地等环境下的施工，如望远镜基座、桥梁、地面压块、游泳池抗浮等。在当今资源紧缺型的经济结构中，自然资源日趋紧张，价格飞涨，以昂贵的重晶石、赤铁矿等作为混凝土骨料会大大增加钢渣的生产成本，降低企业的经济效益。由于钢渣的表观密度一般在（3.3～3.9）×10³kg/m³，与重晶石、赤铁矿、褐铁矿的 2 级、3 级矿石相当，完全可以取代其来制作低密度混凝土及其混凝土制品。

2.1　钢渣的主要处理工艺研究

2.1.1　浅盘法

自 1974 年以来，日本的新日本钢铁公司采用 ISC 浅盘法[41]即 ISC 工艺（Instantaneous Slag Chill Process）。ISC 工艺具体流程：将流动性较好的液体钢渣泼入浅盘，渣层厚度约 10cm，喷水使钢渣冷却到 500℃左右，固化后将钢渣倾倒在运渣车上，再喷水使钢渣冷却到 200℃左右，然后倒入泡渣池，冷却至常温。经过处理的钢渣，颗粒大多在 10cm 以下。

浅盘法工艺的优点：处理场地较小，处理方式较为安全；可节约投资及设备；采用喷水冷却处理，一方面减少了生产过程中固体废物摩擦产生的粉尘污染，而且由于处理时间短，每炉渣耗时 1～3h 即可处理完毕，单日处理能力大大增加；经多次冷却后，极大程度上减少了 f-CaO、MgO 等所引起的体积膨胀，提高了钢渣的稳定性；处理后的钢渣粒径分布均匀，膨胀后形成的细颗粒较多，可减少后期加工流程，包括破碎与筛分。

浅盘法工艺的缺点：由于刚出炉的钢渣具有 1500℃以上的温度，需要较大的水量进行多次冷却，在水冷过程中水体被加热形成的热蒸汽对外围环境具有一定的破坏性，影响周围产品的使用寿命。另外，由于消耗的水量巨大，因此也具有较高的运行成本。

2.1.2　热闷法

热闷法[42]又称闷罐法，其处理工艺为钢渣在自然环境中冷却至一定温度后，经过特种设备运送至钢渣处理厂房或车间，然后通过扒渣机运送至闷罐设施，封上罐盖。在闷罐周围设有自动喷淋旋转装置，不断地向热态钢渣喷水，因此闷罐内水体受热产生大量的水蒸气，钢渣在水体喷洒的过程中同时进行一系列的物理化学反应，从而膨胀裂解成细小颗粒，以此达到破碎的目的。钢渣由于含有 f-CaO，遇水后会生成 $Ca(OH)_2$，体积发生膨胀，钢渣分解破碎。钢渣热闷分解后，其破碎率一般在 60%～80%，通过挖掘机铲出，再进行后续处理。

现今钢渣处理厂主要有两条闷罐生产线，分别为一、二炼钢生产线。一炼钢钢渣闷罐生产线主要处理转炉 D 渣和铸余残渣。由于其处理工艺使得进入闷罐前的钢渣温度较低，所以 f-CaO 并不能彻底消除。二炼钢为补充闷罐生产线，主要是集中处理所有铁渣，这样可以充分利用钢渣处理设施。

闷罐法的工艺特点：由于采用湿法处理钢渣，机械化程度较高，劳动强度低，环境污染少，同时还可以部分回收热能；钢渣处理后，分离效果和稳定性较好。

2.1.3 滚筒法

滚筒法[43]处理工艺是我国钢渣处理厂在国外专利技术的基础上，经过自身的实践和改进形成的方法，于1998年在国内首次进行了工业化应用。钢渣处理厂长期的钢渣处理实践表明，滚筒法具有环保、投资少、流程短、处理后f-CaO含量低及处理成本合理等优点。该处理方法的主要原理是将刚出炉的热态钢渣直接利用渣罐车背出电炉或转炉，后直接运送至滚筒装置，利用扒渣机直接将热态钢渣缓慢倒入滚筒装置，在此过程中，同时喷入少量的水，滚筒装置也以一定的速度缓慢转动，液态钢渣在不停地喷水和转动中突然摩擦、冷却后形成100℃左右的固体颗粒钢渣，后经运输车运送至钢渣综合利用的厂房等待进一步选铁筛分处理。

经滚筒法处理后的钢渣f-CaO含量基本在4%以内，处理后钢渣的粒度分布见表2-1，可以看出大于15.0mm的钢渣只占总量的9.13%。滚筒法处理技术减少了车辆、水池等辅助措施，极大程度上降低了基础建设投资。我国钢渣处理厂自行研制的钢渣处理装置目前已在越南、俄罗斯等国家得到了大量的应用，一定程度上代表当今高效率、低能耗、轻污染的新兴环保节能渣处理技术。

表 2-1　经滚筒法处理后的钢渣粒度分布

粒径（mm）	占比（%）
>15.0	9.13
15.0~10.0	11.44
10.0~5.0	30.57
5.0~3.0	4.04
3.0~1.0	16.42
<1.0	8.40
合计	100

2.2　钢渣的基础特性

2.2.1　钢渣的物性

炼钢出来的钢渣在还原过程中形成大量氧化物，通常这些氧化物在高温熔融后多以玻璃相、矿物质等组分存在[44-45]。由于国内外钢厂采用的渣处理工艺不同，造成其成分、外观形态、颜色等物理、化学特征有一定的差异。通过碱度［CaO/（SiO$_2$＋P$_2$O$_5$）］偏低的钢渣呈现灰色，而碱度较高的钢渣呈褐灰色、灰白色。渣块松散不黏结，质地坚硬密孔隙较少。渣坨和渣壳结晶细密、界限分明、断口整齐。自然冷却的钢渣堆放一段时间后发生膨胀风化，变成土块状和粉状。

炼钢的铁矿石种类、炼钢工艺、渣处理工艺等多种因素影响冷却态钢渣的加工及综合利用途径，钢渣通常含水率为3%～8%。平炉钢渣密度略小，孔隙稍多，稳定性要好一些。钢渣利用处理后的钢渣一般呈灰黑色，硬密实，含碱量高时呈浅白色。由于钢渣含铁较高，因此比高炉渣密度高，一般为 $(3.1 \sim 3.8) \times 10^3 \, kg/m^3$。钢渣容重不仅受其密度影响，还与粒度有关。

2.2.2　钢渣的化学成分

钢渣的化学成分主要有 CaO、SiO_2、Al_2O_3、FeO、Fe_2O_3、MgO、P_2O_5、$f\text{-}CaO$、S，见表2-2。

表 2-2　钢渣化学成分

化学成分	SiO_2	Fe_2O_3	Al_2O_3	CaO	MgO	FeO	MFe	P_2O_5	S	$f\text{-}CaO$
百分比	9.28	11.4	1.91	31.7	7.11	29.26	1.02	0.99	0.1	0.00

2.2.3　钢渣的矿物组成

钢渣的矿物组成主要取决于渣处理工艺后形成的特定化学性质。在冶炼过程中随着碱度 $[CaO/(SiO_2 + P_2O_5)]$ 的提高，则依次发生下列取代反应：

$$CaO + R_O + SiO_2 \longrightarrow CaO \cdot R_O \cdot SiO_2 \tag{2-1}$$

$$2(CaO \cdot R_O \cdot SiO_2) + CaO \longrightarrow 3CaO \cdot R_O \cdot 2SiO_2 + R_O \tag{2-2}$$

$$3CaO \cdot R_O \cdot 2SiO_2 + CaO \longrightarrow 2(2CaO \cdot SiO_2) + R_O \tag{2-3}$$

$$2CaO \cdot SiO_2 + CaO \longrightarrow 3CaO \cdot SiO_2 \tag{2-4}$$

式中，R_O 也通常称为 R_O 相物质，一般代表2价金属（一般为 Mg^{2+}、Fe^{2+}、Mn^{2+}）在熔融过程中形成的氧化物固溶体。

钢渣的主要矿物常为 C_2S、C_3S、CRS、C_3RS_2 和 C_7PS_2（纳盖斯密特石）。

2.2.4　钢渣的结构

钢渣从结构上来说是相对单一的，很多研究者的成果也从各个方面证明了钢渣与高炉矿渣存在很大的区别，高炉矿渣的处理工艺导致其多为玻璃态物质，晶体结构较少，而钢渣由于急冷工艺的处理，结构组分与高炉矿渣刚好相反，多为晶体结构。

2.3　钢渣的应用

钢渣的主要利用方向：钢渣作为替代石子的骨料配制混凝土用于道路或桥梁工程以及管廊工程中；钢渣可以作为水泥掺和料；钢渣可用于土壤改良剂；钢渣可作冶金

炉填料等。特别是钢渣的化学成分中还含有氧化铁,其具有半导体的性质,因此可以作为导电组分制备导电混凝土,其成本远远低于碳纤维、石墨等导电混凝土[46]。钢渣具有高强度和耐磨性,使钢渣可以作为沥青混凝土骨料。

2.3.1 钢渣制作水泥

冶金部建筑研究总院(现为中冶建筑研究总院)是国内最早开展磨细钢渣粉用于建筑水泥研究的公司,并且其研究成果已形成国家标准[47]。在国内,钢渣磨粉制作水泥是最主要的应用方式。目前国内钢渣磨粉线的产量在 400 万 t 以上,特别以鞍钢等北方钢厂居多,除一部分用作冶金制作和钢厂内部利用外,在其他工业建筑、民用建筑、道路工程、机场道面、大型水库等大体积混凝土工程中普遍应用已有 25 年的历史。

由于铁矿石、石膏的共同冶炼和高温煅烧,钢渣自然形成了大量的硅酸盐物质,主要以硅酸二钙(C_2S)和硅酸三钙(C_3S)存在,这与普通的硅酸盐水泥具有类似的特征,而且 C_2S 的含量要远高于 C_3S。因此,C_2S 的缓慢水解能够提供更强的后期强度,钢渣水泥强度的可持续能力得以保障。如钢渣水泥的 7d 抗压强度为 35MPa,28d 为 51.3MPa,360d 为 62.4MPa,10 年为 110MPa。为了提高钢渣水泥的强度,有时还可加入质量不超过 20% 的硅酸盐水泥熟料,一定量的激发剂石膏、碳酸盐或氢氧化物等,以此来激发 C_2S 的快速水解,形成致密的网状结构。另外,钢渣中的 R_O 相物质具有非常稳定难溶解析出的特点,使得其性质趋于稳定,因此收缩率小,耐腐蚀性和耐磨性也俱佳。

目前,国内根据学者的研究成果,已形成多种类型的钢渣水泥,如钢渣与矿渣复掺的水泥、钢渣与普通水泥复掺形成的水泥,钢渣与石膏等激发剂复掺形成的胶凝材料,一些钢渣水泥种类也形成了对应的国家标准及国家行业标准。钢渣水泥生产技术已被国家列入第十个五年计划冶金环保推广技术项目。

2.3.2 钢渣配烧水泥熟料

钢渣中主要的物质有 CaO、SiO_2、Fe_xO_y 三种,约占总量的 70%,这与水泥熟料煅烧过程中需要的石灰石、铁质校正剂、黏土等材料的性质类似。普通硅酸盐水泥所采用的熟料都为石灰石,主要成分是 $CaCO_3$,在高温煅烧过程中发生化学反应裂解为 CaO 和 CO_2。CaO 随后参与水泥的化学反应中,而 CO_2 则随着排气装置直接排入大气中。按质量计算用 1t 的石灰石有 440kg 的 CO_2 排放在空气中,同时带走大量热能。以我国目前年产 8 亿 t 水泥计算,熟料年产量近 5 亿 t,每年耗标准煤 5000 万 t,占我国总能耗的 7%,即每年排放 CO_2 总量 5.2 亿 t、SO_2 总量 38.5 万 t、粉尘 1950 万 t。如用钢渣替代配制水泥熟料,则可大量减少石灰石、黏土等材料带来的 $CaCO_3$,因此其分解产生的 CO_2 也不复存在,对我国工业节能、减排、环保有着重要作用。

2.3.3 钢渣在返炼铁方面的应用

钢渣含有很高的 CaO、Fe_2O_3、FeO、MgO 及 MnO，与普通的铁矿石和熔剂性质相似，因此可部分替代上述两种物质用作返炼铁的基础物质，一定程度上降低了钢厂熔剂和铁矿石的消耗。国内钢铁企业采用的返炼铁钢渣一般要求其粒径较细，占熔剂和铁矿石总量不能超过 5％返炼铁钢渣的混合掺入能一定程度上改善常温转鼓强度，减少还原铁粉的加入也能降低粉化指数，能源利用量也相应降低。但是，钢渣的掺入也有一定的副作用，即降低了铁矿石的用量，使得烧结矿的品位降低，而且钢渣中富集的多种对炼铁不利的化学元素将进一步富集浓缩，对炼铁的影响较大。

2.3.4 钢渣制作钢渣混凝土

因为钢渣混凝土具有良好的性能，能够满足在一些特定环境条件下的要求，所以目前在国内外很多领域，如在海底管道、管廊工程、城市桥梁工程、路面工程等大型工程中均用到了。

1. 钢渣混凝土在海底管道中的应用

混凝土配重层作为海底管道系统的重要组成部分，为了满足设计负浮力而配置，它能够防止施工过程中对防腐绝缘层的机械损伤[48]。混凝土配重层对于撞击能量的吸收有利于保护海底管道，准确预测其对管道撞击损伤的影响规律，才能更为真实地提出增强海底管道抵抗外部因素造成破坏的保护措施，进而延长海底管道的使用寿命。

海底管道混凝土配重层的主要原材料和普通的混凝土有很大的不同，其骨料主要为铁磁性材料的铁矿砂而非普通碎石或卵石等非铁磁性材料，同时混凝土层内部存在加强所需的一层或多层结构的钢筋笼/钢丝网，其截面轮廓如图 2-2 所示。

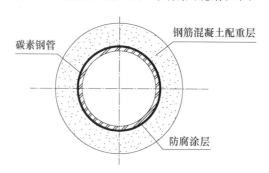

图 2-2 单层混凝土配重海底管截图

在海底管线上施加混凝土层，主要是对管线提供负浮力，以满足管线在海底保持位置稳定的要求（故称加重层）；其次是对管线的外防腐层和钢管提供机械保护，以防止防腐涂层和钢管在吊装、运输、安装和运行期间被损伤。混凝土涂层还能增加管线的热绝缘度和增加管线对屈曲稳定的抵抗能力，但这不是主要作用。根据混凝土涂层以上的作用，对海底管道加钢渣主要提出了以下几方面的设计要求：

（1）钢渣的密度

在海底危及管线横向位置稳定的浪、流、水动力，一般是随管径的增大而增加的。若采用低密度混凝土层，要满足稳定要求，就得增加混凝土层厚度。增加厚度则导致管线外径加粗，使作用在管线上的水动力随之增加，这样又需要更大的水下质量才能保持管线稳定。如此恶性循环，所需混凝土层厚度就越来越厚。若采用高密度混凝土涂层，可使涂层厚度减薄，方便施工，也使管线安装容易。混凝土所需要的密度取决于实际工程要求的海底管道水下质量。目前海底管道应用的加钢渣的密度通常约为 $3040kg/m^3$。

（2）钢渣的工作性

加钢渣层的涂敷方法目前国内外主要有三种方法：第一种是采用抛射原理——喷射冲击法；第二种是采用挤压缠绕压缩的方法；第三种是离心灌浆法。喷射冲击法是加钢渣通过高速旋转的滚轮以较大的速度喷射到钢管外防腐涂层上，形成混凝土加重层；压缠绕法是加钢渣经送料皮带将混凝土堆积到钢管表面，再被缠绕聚乙烯带施加压力，挤压到已做好防腐的钢管表面，形成混凝土加重层；离心灌浆法是加钢渣通过高速离心旋转预制成型，然后通过灌浆将加钢渣涂层与钢管黏结成整体。这三种方法都要求加钢渣为干硬性混凝土，坍落度为1~3cm。

（3）加钢渣的强度

当海底管道用铺管船铺设时，海底管道管段在铺管船甲板上经过焊接黏结成管线，然后通过张紧器和船尾托管架下水，如图2-3所示。混凝土加重层在通过张紧器时，在局部长度的圆周方向被挤压，靠此压力摩擦在管线上形成几十至上百吨的轴向张力，要求加钢渣具有较高的抗压强度。挪威船级社海底管线系统规范《OFFSHORESTAN-DARDDNV-OS-F101SUBMARINEPIPELINESYSTEMS2000》中要求混凝土层最小轴心圆柱体抗压强度为40MPa，换算成国内常用的立方体抗压强度还要更高。

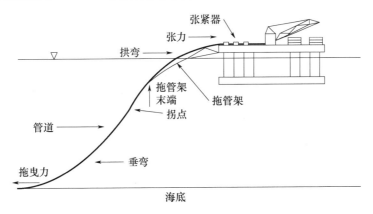

图2-3 海底管道管段

以下为不同厚度混凝土配重层对撞击损伤的影响。

为考察不同厚度混凝土配重层对海底管道受坠落物撞击损伤的影响，选取坠落物质量为 1t 的球体,在碰撞速度为 7.5m/s 的条件下,分别建立混凝土配重层厚度从 0～70mm 以间隔 10mm 变化的模型进行数值分析,其管道最大撞击凹痕深度如图 2-4 所示。

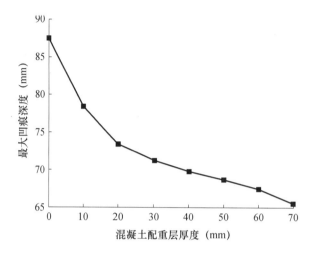

图 2-4　管道最大撞击凹痕深度

从图 2-4 中数值模拟结果可以看出,混凝土配重层的存在在一定程度上保护了管道,减小了管道在碰撞过程中的最大凹痕深度。有、无混凝土配重层的最大凹痕深度差异明显,但随着混凝土厚度的增大,其防护作用的显著性有所下降。

2. 钢渣混凝土在管廊工程中的应用

近些年随着地下工程的兴起,管廊工程也逐渐发展起来,但有时在一些地区铺设管廊工程时如不考虑配重,随着地下水位的上升,管廊将难以承受地下水产生的上浮力。容易导致管廊隆起、路面破坏,甚至对周围建筑物的地基承载力也造成重大影响而引发工程事故。所以配钢渣已成为管廊工程不可或缺的一部分。

通过钢渣混凝土结构受力仿真建模分析,得出在管廊中放置钢渣配钢渣,不仅能有效抑制水对管廊的上浮力,还能改善管廊的受力性能。管廊结构模型如图 2-5 所示。

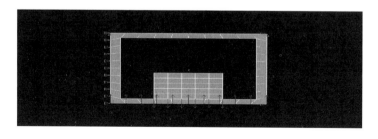

图 2-5　管廊工程受力分析云图

在上述所建模型中,混凝土材料的弹性模量为 24000MPa,泊松比为 0.2,其中管廊混凝土材料的密度为 2400kg/m³,配重钢渣混凝土材料的密度为 3000kg/m³。管廊竖向两端施加水平约束,管廊顶部施加竖向约束,管廊底部节点受到均匀分布的上浮力，钢渣配钢渣底部节点作用向下的自重力。模型建立完成后，其竖向位移云图如图 2-6～图 2-9 所示。

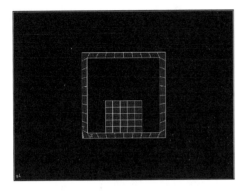

图 2-6 管廊配重前竖向位移云图

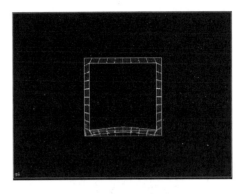

图 2-7 管廊配重后竖向位移云图

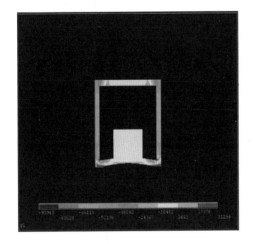

图 2-8 管廊配重前受力变形云图

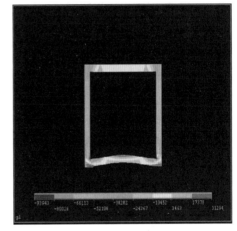

图 2-9 管廊配重后受力变形云图

通过对比分析图 2-6 和图 2-7 可知，在管廊中施加配重钢渣混凝土对于管廊竖向变形的抑制有重要作用，可有效抵消水浮力对管廊的影响。

通过对比分析图 2-8 和图 2-9 可知，管廊在没有施加钢渣配钢渣时，其底部梁将承受巨大的弯矩，不仅造成管廊底部受力不均，还会造成管廊底部变形较大。管廊在施加钢渣配钢渣时，其底部梁的受力情形将得到巨大的改善，底部梁的受力分布更加均匀，竖向变形显著减小。

3. 钢渣混凝土在城市桥梁中的应用

钢箱梁具有自重轻、跨越能力大、施工周期短等优点，在城市高架桥建设中得到广泛应用。由于城市的地域限制，高架桥立交节点处常使用小曲线半径钢箱梁结构。但因其受弯扭耦合作用造成扭矩较大，同时其自重较轻易出现支座脱空甚至倾覆等现象，一般通过在钢箱梁中桥墩附近设置配重，以增大支座正反力储备的方法加以控制，钢渣即是配重的关键材料。

在成都市二环路永丰和武侯立交匝道桥钢箱梁配重施工中，采用表 2-3 配合比进行钢渣生产拌制，累计泵送浇筑了约 2000m³ 混凝土，并根据工程现场实际情况，采取了以下控制措施。

表 2-3　三组配合比混凝土试件试验数据

组别	水胶比	水（kg/m³）	水泥（kg/m³）	掺和料（kg/m³）	细骨料（kg/m³）	粗骨料（kg/m³）	外加剂（kg/m³）	密度（kg/m³）	28d强度（kg/m³）
1	0.43	150	272.1	76.7	1333.5	1767.7	7.3	3540	38.1
2	0.48	150	243.7	68.8	1380.5	1757.0	6.6	3525	36.6
3	0.38	150	307.9	86.8	1283.2	1772.1	8.3	3530	39.4

（1）拌和与运输控制。拌和与运输时注意保持钢渣的黏聚性，防止混凝土离析和坍落度损失而影响混凝土质量。另外钢渣自身密度大，故在拌和与运输时应以质量作为设备荷载能力量化指标，以防发生机械设备损害。

（2）泵送设备选择。混凝土泵送高度约 20m，应对泵车的整车质量、最大布料高度、最大半径进行综合考虑，应选择泵送能力较大的设备。

（3）分次浇筑。浇筑时应严格控制每次浇筑高度，一方面为防止混凝土离析和骨料沉降；另一方面由于钢渣重度大，对钢箱梁纵横向加劲肋板侧压力大。施工前应对肋板承受的侧压力、抗弯及挠度进行验算，以确定浇筑速度与分层高度。

（4）钢箱梁预拱度监测。由于钢箱梁线性膨胀系数较大，受温度影响也较大，因此选在气温稳定时进行混凝土浇筑施工，且全程进行钢箱梁预拱度监测。其中，初始预拱度监测数据应在早晚进行测量并且记录温度，后续每次浇筑前后均需进行观测，并将实测数据与设计标准值进行比对，以此分析配重效果。

4. 钢渣混凝土在路面工程中的应用

利用钢渣沥青混凝土进行公路工程的施工建设，主要将钢渣作粗骨料用于公路路面施工，在完成施工一个月以后，工程的路面表层具有较高的平整度，而且颗粒分布较均匀，路面没有膨胀或者是拥包现象存在。尽管路表面由于施工留有一些微小的裂纹，但却并没有出现松散以及开裂等典型的路面病害问题，公路整体的路用性能良好。

在案例工程当中，钢渣沥青混凝土设计的油石比为 6.3%，相比于常规的石灰石矿粉沥青混凝土，其油石比相对较高，之所以要如此设计，主要是因为钢渣表面通常会有一些微孔，表现为松散多孔状，所以会对沥青产生较大的吸附作用，大量沥青渗透到钢渣微孔当中，会产生结构沥青，而这会使钢渣和沥青产生较高的黏附性。

与此同时，钢渣当中具有大量的铁元素，所以其表现出的多为金属性质，对于热量的传导效率相对较快。将其作粗骨料和改性沥青共同拌制以后，会产生较快的热量散失速度，所以在进行摊铺操作时，要将拌和场地与施工现场的间距尽量缩短，并且要保留较高的下料温度。

在对钢渣沥青混凝土进行摊铺以后，压路机应该紧随其后进行碾压操作，初压阶段需要使用振动钢轮压路机进行操作，在 15m 的范围内反复碾压，具体需要进行 3 遍碾压之后，才能通过胶轮压路机落实复压操作，如此才能满足施工的相关需要。由于钢渣主要是在冶炼厂炼钢期间产生的副产品，所以通常会被当作废料进行处理，将其应用在沥青混凝土当中，能够有效降低施工材料的成本投入。

为了进一步改进和优化钢渣的应用效果，相关技术人员在工程完成施工并应用 5 年以后对工程性能进行了全面的检查，经测试发现，工程的摩擦系数以及渗水结果都表现良好，而且在长期使用的情况下，其路面依然具备较高的平整度，遭受水损害的现象并不多见，而这也说明将钢渣当作粗骨料，能够与沥青产生较高的黏附性，不容易出现水剥离的情况，且测试结果也凸显了钢渣良好的耐磨性能。此外，工作人员还进行了以下测试，使得钢渣应用的可行性得到了有效的验证。

（1）高温稳定试验

该项试验主要是为了对高温条件下钢渣沥青混凝土的抗荷载能力进行检验，需要保证其路面平整度，避免永久性变形问题的出现才能满足相关工程的使用需要。因此，需要结合相关规定，通过车辙试验对钢渣沥青混凝土的高温稳定性进行测评，主要是借助标准轮碾法进行测试，在特定的轮碾条件及温度条件下对试件表面进行反复碾压，并对反复碾压之后的车辙深度进行测定。经测试以后可以确定，使用钢渣完全代替粗细骨料以后，其试块在高温环境下具有良好的稳定性，而仅使用钢渣作为粗骨料的试块则略微次之，但也比全石灰岩形式的沥青混凝土试块稳定性高。此外，由于钢渣表面纹理较为粗糙，其棱角丰富，而且与立方体较为接近，所以其更容易构成紧密的结构，这会使沥青混凝土的抗剪性能得到进一步的提升。

（2）膨胀性试验

钢渣受到自身的化学成分影响，其中的锰和铁会以低化合价离子以及硫的形式形成化合物，但在其遇水以后会有氢氧化物形成，进而导致钢渣出现体积增大的情况，若是膨胀反应产生较高的内应力，就可能会出现锰分离以及铁分离的情况，导致钢渣出现碎裂成酥的现象。因此，为了检测钢渣作为骨料时的膨胀性，工作人员结合相关规程对钢渣膨胀性进行了测试。具体需要制作 3 个马歇尔试件，通过游标卡尺对浸水之前的试件高度及直径进行测试，进而获得其初始体积，随后准备一个（60±1）℃的水箱对试件进行浸泡，在浸泡时间达到 72h 以后，将试块取出对其高度及直径进行测定，并计算浸泡之后的体积，最后计算试块的膨胀率。经测试以后，可以确定钢渣具有良好的稳定性，不会由于体积发生膨胀对路面稳定性造成不利影响，因此，可以在沥青混凝土当中进行应用。而在钢渣掺入沥青混凝土以后，沥青混凝土不会出现较大的膨胀量，这主要是因为钢渣当中含有的游离氧化镁以及游离氧化钙相对较多，而提高沥青用量则可以避免水分对骨料的影响，能够使沥青混凝土更加稳定。

（3）低温抗裂性测试

进入冬季以后，由于温度相对较低，所以沥青面层经常会出现体积收缩的情况，但受到周围材料以及基层结构的约束，沥青混凝土往往无法进行自由地收缩，并在结构层当中形成温度应力。特别是在气温急剧下降的情况下，温度应力无法得到及时的化解，在这种情况下，非常容易在沥青路面当中产生裂缝问题，并对工程造成损坏，降低工程的质量。为了对钢渣沥青混凝土自身的低温抗裂性进行测评，工作人员也结合了相关规定实施了低温弯曲试验。该项试验需要在 $-10℃$ 以下进行，且试验速率应保持 50mm/min，在石灰岩以及钢渣沥青混合料试块上施加集中荷载，使其断裂，并对致其破坏的弯拉应力进行计算。经测试以后确定，石灰岩沥青混凝土试块具有较高的抗弯拉应变能力，而使用钢渣作为粗骨料的沥青混凝土试块其抗弯拉应变值则相对较小。这主要是受到混凝土内部悬浮密实结构影响造成的。

2.4　本章小结

根据以上的研究内容，分析总结如下：

（1）对废钢渣基本情况及处理工艺进行了分析介绍，主要处理工艺包括浅盘法、热闷法和滚筒法。

（2）对废钢渣基础物性进行了分析，主要从钢渣的物性、钢渣的化学成分、钢渣的矿物组成及结构特性进行分析。

（3）对钢渣的应用现状及钢渣混凝土的应用进行了总结和分析，并重点对钢渣混凝土做了详细的介绍和分析。

（4）在对管廊工程中钢渣混凝土配重的研究分析中，钢渣在其他工程中的应用研究具有十分重要的借鉴意义。因此，本章重点介绍了钢渣混凝土在海底管道、桥梁工程、道路方面的研究和分析方法。在此基础上，提出了钢渣混凝土在管廊工程中的应用及配重分析研究，此外还对管廊工程中配重混凝土的作用进行了有限元分析模拟，分析其解决实际问题的能力。

3 管廊工程材料与结构设计

3.1 管廊的简介

3.1.1 管廊的定义

管廊，即管道的走廊。化工及其相关类工厂中很多管道被集中在一起，沿着装置或厂房外布置，一般是在空中用支架撑起，形成与走廊类似的样子，也有少数管廊位于地下。

综合管廊，即地下城市管道综合走廊[49]。住房城乡建设部颁布的《城市综合管廊工程技术规范》中明确综合管廊的概念界定：在城市地下建造一个市政隧道空间，将电力、通信、燃气、供热、给排水等各种工程管线集于一体，设有专门的检修口、吊装口和监测系统，实施统一规划、统一设计、统一建设和管理。综合管廊工程是城市发展需求下产生的一种新兴市政基础设施，能有效解决城市"马路拉链""空中蜘蛛网"、交通拥堵等问题，提高城市能源供给，改善城市市容环境，确保城市安全运行[50]。综合管廊工程一般建设于车辆通行繁多的城市主要道路，或者建设于城市其他地下工程附属地段。综合管廊工程的结构主要由建筑结构、入廊管线、管廊节点、附属设施四个部分组成，见表3-1。

表 3-1　综合管廊结构组成

序号	结构组成	建筑构件
1	建筑结构	管廊墙体、底板、顶板、管廊门窗、管线支架等
2	入廊管线	电信电缆管线、电力电缆管线、给水管线、热力管线、污雨水排水管线、天然气管线、燃气管线等市政公用管线
3	管廊节点	吊装口、人员出入口、通风口
4	附属设施	消防系统、供配电系统、监控系统、通风系统、排水系统、标识系统

综合管廊工程实施城市各类管线的统一规划、统一设计、统一建设和管理，作为保障城市运行的重要基础设施和"生命线"，对实现人民生活需求、提高城市综合承载力以及提升城市景观形象具有重要的作用。

3.1.2 综合管廊工程的类型

1. 按断面形式分类

按照综合管廊工程的断面形式，可大致将其分为矩形综合管廊、圆形综合管廊、异形综合管廊三类[51]，如图 3-1 所示。

（a）矩形综合管廊

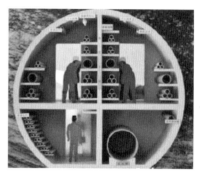

（b）圆形综合管廊

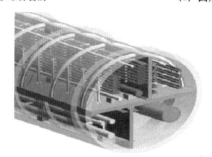

（c）异形综合管廊

图 3-1　综合管廊的断面形式

矩形综合管廊一般适用于具备明挖施工条件的工程，其优势在于形状简单、空间利用率高、制造工艺成熟、建设成本低、维修养护操作和空间结构分割容易、设备安装和管线敷设方便。但是其缺点在于结构受力不利，材料消耗量较大，施工方法受限。

圆形综合管廊一般适用于非开挖施工（如顶管法、盾构法）的工程，其特点在于制造工艺成熟、结构受力合理、材料消耗量较少。但圆形综合管廊的缺点在于建设成本相对较高，空间利用率低。

异形综合管廊的断面形状近似于圆弧拱形，一般适用于因地质条件限制而实行暗挖法施工的工程，其优点在于结构受力合理，抗地震功能强，占用地下空间合理。但是其缺点在于受截面尺寸限制大。

2. 按功能特性分类

根据功能特性，可大致将综合管廊工程分为干线型综合管廊、支线型综合管廊、缆线型综合管廊三类[52]，如图 3-2 所示。

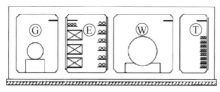 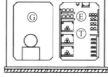 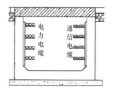

(a)干线型综合管廊　　　　　(b) 支线型综合管廊　(c) 缆线型综合管廊

图 3-2　不同功能特性的综合管廊

干线型综合管廊一般建设于城市主干道的路面下，多用于连接管线起点站（如自来水厂、天然气厂、通信信号站、电厂等）与支线综合管廊，通常情况下不直接连接到用户终端。其入廊管线主要包括给水、通信、燃气、电力、热力等，根据实际情况有时也会包括排水管线。其断面结构一般为圆形或者多格箱型，廊内须设有人员通道及灯光照明、排气通风等设备。干线型综合管廊的特点主要有系统稳定且运输流量大、安全性高、内部结构紧凑、服务于需求稳定的大型用户、设备需专用、运行及管理较为简单。

支线型综合管廊一般建设于城市道路的两侧，主要用于连接干线型综合管廊与用户终端，并且容纳用户终端需要的各类管线。其最为常见的断面结构为矩形断面，一般为单格或双格箱型，廊内也须设有人员通道及灯光照明、排气通风等设备。支线型综合管廊的主要特点包括管廊的空间断面面积较小、结构形式相对单一、施工工艺相对简单、设备型号较为常见。

缆线型综合管廊一般建设于人行道路面的下方，主要用于容纳原本架空在城市道路两旁上方的通信、电力等电缆。其断面结构以矩形为主，相比于干线型综合管廊和支线型综合管廊而言，埋深较浅。一般不要求设有人员通道及灯光照明、排气通风等设备，只需设置工作孔洞，以便后期维修。

3. 按建造方式分类

根据综合管廊工程建造方式的不同[53]，可分为现浇综合管廊、预制节段拼装综合管廊、分块预制拼装综合管廊、叠合整体式综合管廊四类。

现浇综合管廊的截面变化灵活、原地生产减少运输、施工技术成熟。但是其施工周期长，采用大开挖方式施工，不利于生态环境保护。

预制节段拼装综合管廊工厂机械化生产，构件尺寸精确，整体受力性好，抗地基沉降和地震能力强，施工周期短，施工成本低，节能环保。但大尺寸预制构件运输、吊装及拼接难度大，费用高。

分块预制拼装综合管廊将断面分成两个部分，分块预制减少了预制构件的质量，使得运输及施工更加方便。但其缺点在于预制构件间的连接处防水性及整体承载性较差。

叠合整体式综合管廊与全现浇管廊相比，具有质量好、速度快的特点。与全预制管廊相比，其运输和吊装费用较低，结构的整体性较好，防水性能较好。

综合管廊工程的类型也可根据施工方式的不同将其分为明挖法综合管廊、浅埋暗挖法综合管廊、盾构法综合管廊、顶管法综合管廊。按照材质的不同也可分为钢筋混凝土综合管廊、钢波纹管综合管廊及竹缠绕复合综合管廊等。

3.1.3 综合管廊的适用条件

（1）交通运输繁忙或地下管线较多的城市主干道以及配合轨道交通、地下道路、城市地下综合体等建设工程地段；

（2）城市核心区、中央商务区、地下空间高强度成片集中开发区、重要广场、主要道路的交叉口、道路与铁路或河流的交叉处、过江隧道等；

（3）道路宽度难以满足直埋敷设多种管线的路段；

（4）重要的公共空间；

（5）不宜开挖路面的路段。

3.1.4 综合管廊工程的特点

综合管廊工程既是市政工程的综合体现，也是城市基础设施中的一项重要工程。从施工角度来说，具有工程复杂程度高、外部环境影响因素多等突出特点[54-57]。

1. 工程结构复杂程度高

综合管廊是一项大型城市地下空间工程，属于点多线长的线性工程。综合管廊工程不仅本身的结构形式多样，而且需要配套建设完善、庞杂的附属设施工程。同时，还需纳入天然气、给水、排水、污水、热力、电力、通信等各类管线，管线高度集中，种类繁多，提高了工程施工的复杂程度。

2. 施工环境影响因素多

综合管廊工程是典型的高密度地下工程，一般建设于车辆运行繁多或工程设施较多的城市主干道或城市地下轨道、城市地下综合体等工程地段，其建设过程往往受到城市生产、生活的制约。工程施工过程中，受外部环境影响较大，不确定因素较多，工程成本和进度容易受到外部环境影响。

3. 工程质量要求高

综合管廊工程也是一项重要的民生工程，其建设涉及政府、建设方、入廊管线单位、人民群众等众多利益相关方。综合管廊工程的建设事关人民生活与城市形象，有些综合管廊工程还需要与旧城改造、海绵城市、智慧城市等工程理念相结合。因此，工程施工具备目标高、要求严格、质量标准高等特点。

3.2 管廊的发展历程

3.2.1 国外的发展历程

在发达国家，地下综合管廊（共同沟）已经存在了一个多世纪，在系统日趋完善的同时其规模也有越来越大的趋势。

1893年原德国在民主德国的汉堡市的Kaiser-Wilheim街，两侧人行道下方兴建450m的综合管廊收容暖气管、自来水管、电力、电信缆线及煤气管，但不含下水道[58]。在德国第一条综合管廊兴建完成后发生了使用上的困扰，自来水管破裂使综合管廊内积水，当时因设计不佳，热水管的绝缘材料使用后无法全面更换。沿街建筑物的配管需要以及横越管路的设置仍发生常挖马路的情况，同时因沿街用户的增加，规划断面未预估日后的需求容量，而使原兴建的综合管廊断面空间不足，为了新增用户，不得不在原共同沟外的道路地面下再增设直埋管线，尽管有这些缺失，但在当时评价仍很高，故在1959年又在布白鲁他市兴建了300m的综合管廊用以收容瓦斯管和自来水管。

1964年联邦德国的苏尔市（Suhl）及哈利市（Halle）开始兴建综合管廊的实验计划，至1970年共完成15km以上的综合管廊，并开始营运，同时也拟定计划于全国推广综合管廊的网络系统[59]。联邦德国共收容的管线包括雨水管、污水管、饮用水管、热水管、工业用水干管、电力、电缆、通信电缆、路灯用电缆及瓦斯管等。

英国[60]于1861年在伦敦市区兴建综合管廊，采用12m×7.6m的半圆形断面，收容自来水管、污水管及瓦斯管、电力、电信外，还敷设了连接用户的供给管线，迄今伦敦市区建设综合管廊已超过22条。伦敦兴建的综合管廊建设经费完全由政府筹措，属伦敦市政府所有，完成后再由市政府出租给管线单位使用。

早在1833年，法国[61]巴黎为了解决地下管线的敷设问题和提高环境质量，开始兴建地下管线共同沟。如今巴黎已经建成总长度约100km、系统较为完善的共同沟网络。

此后，英国的伦敦、德国的汉堡等欧洲城市也相继建设地下共同沟。

1926年，日本[62]开始建设地下共同沟，到1992年，日本已经拥有共同沟长度约310km，而且在不断增长的过程中。

建设供排水、热力、燃气、电力、通信、广电等市政管线集中敷设的地下综合管廊系统，已成为日本城市发展现代化、科学化的标准之一。

早在20世纪20年代，日本首都东京市政机构就在市中心九段地区的干线道路下，将电力、电话、供水和煤气等管线集中敷设，形成了东京第一条地下综合管廊。此后，1963年制定的《关于建设共同沟的特别措施法》，从法律层面规定了日本相关部门需在交通量大及未来可能拥堵的主要干道地下建设"共同沟"。国土交通省下属的东京国道事务所负责东京地区主干线地下综合管廊的建设和管理，次干线的地下综合管廊则由东京都建设局负责。

如今已投入使用的日比谷、麻布和青山地下综合管廊是东京最重要的地下管廊系统[63]。采用盾构法施工的日比谷地下管廊建于地表以下30余米处，全长约1550m，直径约7.5m，如同一条双向车道的地下高速公路。由于日本许多政府部门集中于日比谷地区，须时刻确保电力、通信、供排水等公共服务，因此日比谷地下综合管廊的现代化程度非常高，它承担了该地区几乎所有的市政公共服务功能。

于 20 世纪 80 年代开始修建的麻布和青山地下综合管廊系统同样修建在东京核心区域地下 30 余米深处，其直径约 5m。这两条地下管廊系统内电力电缆、通信电缆、天然气管道和供排水管道排列有序，并且每月进行检修。其中的通信电缆全部用防火帆布包裹，以防出现火灾造成通信中断；天然气管道旁的照明用灯则由玻璃罩保护，防止出现电火花导致天然气爆炸等意外事故。这两条地下综合管廊已相互连接，形成了一条长度超过 4km 的地下综合管廊网络系统。

在东京的主城区还有日本桥、银座、上北泽、三田等地下综合管廊，经过了多年的共同开发建设，很多地下综合管廊已经联成网络。东京国道事务所公布的数据显示，在东京市区 1100km 的干线道路下已修建了总长度约 126km 的地下综合管廊。在东京主城区内还有 162km 的地下综合管廊正在规划修建。

1933 年，苏联在莫斯科、列宁格勒、基辅等地修建了地下共同沟。

1953 年，西班牙在马德里修建地下共同沟。其他如斯德哥尔摩、巴塞罗那、纽约、多伦多、蒙特利尔、里昂、奥斯陆等城市，都建有较完备的地下共同沟系统。

3.2.2 国内的发展历程

中国仅有北京、上海、深圳、苏州、沈阳等少数几个城市建有综合管廊，据不完全统计，全国建设里程约 800km，综合管廊未能大面积推广的原因不是资金问题，也不是技术问题，而是意识、法律以及利益纠葛造成的。

综合管廊建设的一次性投资常常高于管线独立铺设的成本。据统计，日本和我国台北、上海的综合管廊平均造价（按人民币计算）分别是 50 万元/m、13 万元/m 和 10 万元/m，较之普通的管线方式的确要高出很多。但综合节省出的道路地下空间、每次的开挖成本、对道路通行效率的影响以及环境的破坏，综合管廊的成本效益比显然不能只看投入多少。我国台湾地区曾以信义线 6.5km 的综合管廊为例进行过测算，建综合管廊比不建只需多投资 5 亿元新台币，但 75 年后产生的效益却有 2337 亿元新台币。

其实北京早在 1958 年就在天安门广场下敷设了 1000 多米的综合管廊[64]。2006 年在中关村西区建成了我国第二条现代化的综合管廊。该综合管廊主线长 2km，支线长 1km，包括水、电、冷、热、燃气、通信等市政管线。1994 年，上海市政府规划建设了大陆第一条规模最大、距离最长的综合管廊——浦东新区张杨路综合管廊（图 3-3）。该综合管廊全长 11.125km，收纳了给水、电力、信息与煤气四种城市管线。上海还建成了松江新城示范性地下综合管廊工程（一期）和"一环加一线"总长约 6km 的嘉定区安亭新镇综合管廊系统。我国与新加坡联合开发的苏州工业园基础设施建设，经过 10 年的开发，地下管线走廊也已初具规模。

住房城乡建设部会同财政部开展中央财政支持地下综合管廊试点工作，确定包头等 10 个城市为试点城市，计划到 2018 年建设地下综合管廊 389km（2015 年开工

190km），总投资 351 亿元。根据测算，未来地下综合管廊需建 8000km，若按每千米 1.2 亿元测算，投资规模将达 1 万亿元。

图 3-3 张杨路综合管廊

国务院高度重视推进城市地下综合管廊建设[65]，2013 年以来先后印发了《国务院关于加强城市基础设施建设的意见》《国务院办公厅关于加强城市地下管线建设管理的指导意见》，部署开展城市地下综合管廊建设试点工作。

除了住房城乡建设部之外，包括发展改革委、财政部等相关部门都已经下发有关文件，支持地下管廊建设。2015 年 1 月，住房城乡建设部等五部门联合发出通知，要求在全国范围内开展地下管线普查，此后决定开展中央财政支持地下综合管廊试点工作，并对试点城市给予专项资金补助。

3.2.3 我国的典型管廊工程

上海世博会[66]，首次在中国举办，规模宏大，创造了 12 项世界之最。它是人类文明的驿站。正日益成为全球经济、科技和文化领域的盛会，成为各国人民总结历史经验、交流聪明才智、体现合作精神、展望未来发展的重要舞台。通过举办世博会，体现了国际社会对我国改革开放道路的支持和信任，也体现了世界人民对我国未来发展的瞩目和期盼。这次世博会的主题是"城市，让生活更美好"。为了达到这一主题，同时更好地建设世博会园区，国家很早便启动了《2010 年上海世博会园区地下空间综合开发利用研究》工作。根据该工作成果，提出在园区内"市政设施地下化"：新建的雨污水泵站、水库、垃圾收集站、雨水调蓄池、变电站及部分燃气调压站等市政设施，采用地下式或半地下式形式。世博园区内所有市政管线入地敷设。为满足建设需要，在世博园区率先建设了国内第一条预制拼装综合管廊。综合管廊收纳沿途的通信、电力、供水管线（图 3-4），该管廊总长约 6.4km，其中预应力综合管廊示范段全长约 200m。通过开展创新工作，提出了明挖预制拼装法的建设工艺。其主要优点是构件质量有保证、外观整洁、混凝土密实性好、有利于结构的自防水。同时，每段构件之间通过预压应力的作用，保证止水橡胶圈的防水性能。由于每节长度较短，更有利于防止不均匀沉降，适应性较好。

图 3-4　世博会综合管廊

3.2.4　针对管廊工程的相关政策

1. 国家相关政策

国家对于管廊建设高度重视，自建设之初到现在国务院出台了一系列政策，2013 年以来先后印发了《国务院关于加强城市基础设施建设的意见》《国务院办公厅关于加强城市地下管线建设管理的指导意见》，部署开展城市地下综合管廊建设试点工作。包括发展改革委、财政部、住房城乡建设部等相关部门都已经下发有关文件，支持地下管廊建设。

2015 年 7 月 28 日的国务院常务会议，部署推进城市地下综合管廊建设，会议指出，针对长期存在的城市地下基础设施落后的突出问题，要从我国国情出发，借鉴国际先进经验，在城市建造用于集中敷设电力、通信、广电、给排水、热力、燃气等市政管线的地下综合管廊，作为国家重点支持的民生工程[67]。这是创新城市基础设施建设的重要举措，不仅可以逐步消除"马路拉链""空中蜘蛛网"等问题，用好地下空间资源，提高城市综合承载能力，满足民生之需，而且可以带动有效投资、增加公共产品供给，提升新型城镇化发展质量，打造经济发展新动力。会议确定：

（1）各城市政府要综合考虑城市发展远景，按照先规划、后建设的原则，编制地下综合管廊建设专项规划，在年度建设中优先安排，并预留和控制地下空间。

（2）在全国开展一批地下综合管廊建设示范，在探索取得经验的基础上，城市新区、各类园区、成片开发区域新建道路要同步建设地下综合管廊，老城区要结合旧城更新、道路改造、河道治理等统筹安排管廊建设。已建管廊区域，所有管线必须入廊；管廊以外区域不得新建管线，总之要加快现有城市电网、通信网络等架空线入地工程。

（3）完善管廊建设和抗震防灾等标准，落实工程规划、建设、运营各方质量安全主体责任，建立终身责任和永久性标牌制度，确保工程质量和安全运行，接受社会监督创新投融资机制，在加大财政投入的同时，通过特许经营、投资补贴、贷款贴息等方式，鼓励社会资本参与管廊建设和运营管理。入廊管线单位应缴纳适当的入廊费和日常维护费，确保项目合理稳定回报。发挥开发性金融作用，将管廊建设列入专项金融债支持范围，支持管廊建设运营企业通过发行债券、票据等融资。通过城市集约高效安全发展，提升民生福祉。

地下综合管廊建设正在全国各省市加速推进[68]。2015 年已有 69 个城市启动地下综合管廊建设项目约 1000km，总投资约 880 亿元。截至 2016 年 12 月 20 日，全国 147 个城市 28 个县已累计开工建设城市地下综合管廊 2005km，全面完成了年度目标任务，至此拉开了城市地下管廊建设的序幕。2017 年，政府工作报告中提出，统筹城市地上地下建设，再开工建设城市地下综合管廊 2000km 以上。2016 年 7 月，住房城乡建设部《住房城乡建设事业"十三五"规划纲要》提出到 2020 年，建成一批具有国际先进水平的地下综合管廊并投入运营。在政府的大力推动下，地下综合管廊市场在"十三五"期间快速增长，按照估算，国内地下综合管廊投资 1km 大约 1.2 亿元，每年预计能够达到 8000km，每年的市场规模将达到 1 万亿元。

2. 河北省相关政策

对于河北省的管廊工程[69]，省政府及各级部门也高度重视，先后出台了很多的政策。2016 年，河北省住房和城乡建设厅为贯彻落实中央和省城市工作会议精神，按照省政府办公厅《关于推进城市地下综合管廊建设的实施意见》（冀政办发〔2015〕35 号）通知，要求做好城市地下综合管廊工程规划建设管理工作。进一步强调：

（1）要抓紧编制专项规划，按照编制指引的内容深度要求，合理确定管廊建设区域，划定管廊空间位置、配套设施用地等三维控制线。管廊建设区域内的所有管线应在管廊内规划布局，并分析同步实施的可行性，确定管线入廊时序。综合管廊专项规划应统筹兼顾城市新区和老旧城区，新区管廊规划应与新区规划同步编制，老旧城区管廊规划应结合旧城改造、棚户区改造、道路改造、河道改造、管线改造、轨道交通建设、人防设施建设和地下综合体建设等编制。综合管廊专项规划期限要近远期相结合，并与城市（乡）总体规划相一致。

（2）要抓好项目开工建设，抓紧依法依规做好各项准备工作，确保项目如期开工建设。

（3）要确保建设质量安全，严格执行国家关于城市综合管廊工程技术规范要求，按照百年工程进行综合管廊结构设计、耐久性设计和抗震设计。要根据管廊结构类型、受力条件、使用要求和所处环境等因素，科学选择工程材料，确保工程建设符合质量验收标准要求。要同步配套建设消防、供电、照明、通风、排水、监控等附属设施，提高智能化管理水平。建设项目的进度、质量、安全检查，建立综合管廊工程质量终身责任永久性标牌制度，确保工程质量安全。

（4）要加强管廊运营管理，在抓紧建设的同时，各地要及时组建综合管廊运营单位，确保如期投入运行。综合管廊建设运营单位要制定综合管廊运营维护应急预案，加强综合管廊本体和附属设施的日常监控和定期维护，严格控制入廊人员，及时应对突发事故和自然灾害，保证综合管廊运营安全。入廊管线单位要加强入廊管线和设施的巡查维护，重点加强对入廊燃气、热力、高压电缆等管线的巡查，及时排查泄漏隐患和危险源。建立综合管廊有偿使用制度，制定可操作的有偿使用收费标准和政府补贴标准，调动管线单位入廊积极性，吸引社会资本参与管廊建设和运营管理。

（5）要加强建设信息报送，实行周报制度。没有规划、建设进展信息的要实行零报告，周工作无明显进展的也要报送。这将作为省政府文件落实情况的重要考核依据。

为贯彻落实中央和省城市工作会议精神，按照省政府办公厅《关于推进城市地下综合管廊建设的实施意见》（冀政办发〔2015〕25号）要求，做好城市地下综合管廊工程规划建设管理工作，河北省住房和城乡建设厅下发了《关于加强城市地下综合管廊规划建设管理工作的通知》，根据通知，石家庄市18.23km、沧州市15.55km、保定市14.32km、邢台市11km、秦皇岛市9.86km、邯郸市8.69km、唐山市7.08km、承德市滦平县1km的建设任务，列入2016年全国综合管廊开工建设计划。

3.3　管廊的结构设计

城市地下综合管廊可以实现城市地下基础设施的综合化、集约化和现代化，必将带来巨大的社会效益和环境效益，是现代化城市建设的重要领域。在本章开头介绍了管廊的定义以及管廊的分类，下面详细介绍管廊的几种类型。

3.3.1　管廊的相关结构

在日常生活中，管线的类型非常多，综合管廊因为收纳管线的不同而发挥不同的作用；根据收纳的管线，可以将综合管廊分为四类：干线综合管廊、支线综合管廊、缆线综合管廊（电缆沟）、干支线混合综合管廊[70]。

1. 干线综合管廊

干线综合管廊作为"主动脉"[71]，如图3-5所示，收纳的是与市民生活和与城市交通、通信、给水、排水等基础设施相关的管线，有时也负责连接两边的支线管廊。管廊一般设置在城市道路的正下方，舱室较多，各舱空间及横断面相对较大，结构复杂，这就要求管廊系统要稳定、填埋及覆土要深、安全和维修性能要高、输送量要大。

干线综合管廊的特点主要有结构断面尺寸大、覆土深、稳定大流量的运输、高度的安全性、内部结构紧凑、兼顾直接供给到稳定使用的大型用户，一般需要专用的设备、管理及运营比较简单，管廊断面尺寸一般在28m² 左右。

2. 支线综合管廊

支线综合管廊[72]一般设置于城市主干道两边的人行道下方，其主要负责将各种供给从干线综合管廊分配、输送至各直接用户，起到配合作用。横断面如图3-6所示，其一端与干线综合管廊连接，收纳从干线分流出来的通信、燃气、自来水等管线，一端与道路沿线的居民等终端用户连接，直接为他们提供服务。因此，这类管廊横断面不需要太大，舱数也少，减少了工程费用和施工时间，并且人行道所受荷载相对较小，提高了稳定性和安全性。

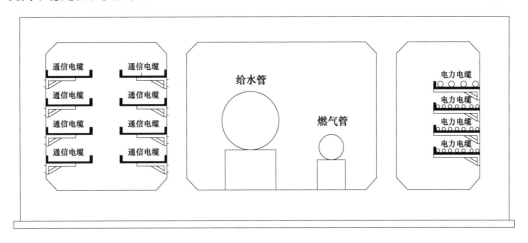

图 3-5　干线综合管廊断面图

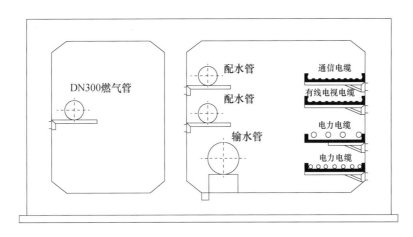

图 3-6　支线综合管廊断面图

　　其结构特点为有效（内部空间）断面较小、结构简单、施工方便，设备多为常用定型设备，一般不直接服务大型用户。支线综合管廊的断面以矩形断面较为常见，一般为单格或双格箱型结构。内部要求设置工作通道及照明、通风设备。另外，施工费用较少，系统稳定性和安全系数较高。管廊的断面尺寸一般与干线的管廊尺寸一样，有的比干线管廊大。

　　3. 缆线综合管廊

　　缆线综合管廊又称电缆沟[73]，敷设在人行道和绿化带的下方，收纳有线电视、电力、通信电缆等管线，主要负责将市区架空的电力、通信、有线电视、道路照明等电缆收容至埋地的管道，直接为终端用户提供服务。如图 3-7 所示，所有管廊类型中，缆线型横断面最小，填埋深度最浅，一般在 1.5m 左右，便于后期的修复，并且没有监控等设施。

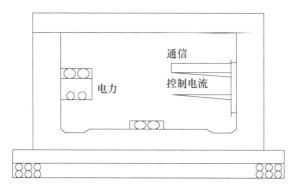

图 3-7　缆线综合管廊断面图

其结构特点为空间断面较小，埋深浅，建设施工费用较少，不设有通风、监控等设备，在维护及管理上较为简单，以矩形断面较为常见，一般不要求设置工作通道及照明、通风等设备，仅增设供维修时用的工作手孔即可。

4. 干支线混合综合管廊

干支线混合综合管廊中和了干线和支线两种管廊的优点，这种类型的综合管廊一般用在道路较宽的城市中[74-76]。

3.3.2　管廊的结构设计规范

管廊的多种多样，根据不同的条件、不同的需求设计不同的结构。但在设计时，应符合相应的设计规范。例如，使用年限和环境类别的耐久性设计、裂缝控制等级设计、安全结构设计等[77]。这些规范通过实验论证结合实践经验，对管廊的稳定起到重要的作用。

城市地下综合管廊结构设计应符合以下规定：

（1）结构设计使用年限应为 100 年；结构应根据设计使用年限和环境类别进行耐久性设计，并应符合现行国家标准《混凝土结构耐久性设计标准》（GB/T 50476）的有关规定；

（2）综合管廊工程抗震设防分类标准应按乙类建筑物进行抗震设计，并应满足国家现行标准《建筑抗震设计规范（2016 年版）》（GB 50011）的有关规定；

（3）综合管廊结构安全等级应为一级，结构中各类构件的安全等级宜与整个结构的安全等级相同；

（4）结构构件的裂缝控制等级应为三级，结构构件的最大裂缝宽度限值应小于或等于 0.2mm，且不得贯通；

（5）防水等级标准应为二级，并满足结构的安全、耐久性和使用要求；

（6）抗浮稳定性抗力系数不低于 1.10；

(7) 综合管廊的地下工程的防水设计，应根据气候条件、水文地质状况、结构特点、施工方法和使用条件等因素进行，满足结构的安全要求、耐久性要求，防水等级标准为二级。

3.3.3 管廊平面布局的一般规定

管廊工程中的平面布局和城市分区、使用功能等息息相关[78]，因此在设计时，应当考虑各因素对管廊结构功能的影响，其平面布局应当符合以下规范规定：

(1) 与城市功能分区、建设用地布局和道路网规划相适应；

(2) 应结合城市地下管线现状，在城市道路、轨道交通、给水、雨水、污水、再生水、天然气、热力、电力、通信等专项规划以及地下管线综合规划的基础上确定布局；

(3) 应与地下交通、地下商业开发、地下人防设施及其他相关建设项目协调；

(4) 宜布置在道路两侧地块对公用管线需求量较大的一侧；

(5) 尽可能满足综合管廊与其他管线的交叉要求；

(6) 综合管廊接出管线的长度较短；

(7) 综合管廊对道路及两侧建筑物的影响较小；

(8) 充分满足道路规划对综合管廊管位的要求；

(9) 综合管廊的投料口、通风口、出入口等设施与道路景观及功能相结合；

(10) 宜将大管道管沟布置于人行道、绿化带下；

(11) 在机动车道下敷设小管道宜靠人行道，大管道靠车行道，便于小管道管沟绕行给大管道管沟投料口等节点创造条件；

(12) 综合管廊应设置监控中心，监控中心宜与邻近公共建筑合建，建筑面积应满足使用要求。

3.3.4 管廊断面布置的一般规定

在管廊结构设计中，除根据类别对于其结构进行设计，充分考虑其平面布局之外，其结构断面也是影响管廊功能的重要因素[79]，因此，还应考虑管廊断面布置的相关内容，其断面布置应符合以下规范规定：

(1) 断面形式应根据纳入管线的种类及规模、建设方式、预留空间等确定；

(2) 应满足管线安装、检修、维护作业所需要的空间要求，管廊内部净高不宜小于 2.4m，双侧设置支架或管道时检修通道净宽不宜小于 1.0m，单侧设置支架或管道时检修通道净宽不宜小于 0.9m；

(3) 管线布置应根据纳入管线的种类、规模及周边用地功能确定；

(4) 天然气管道应在独立舱室内设置，热力管道采用蒸汽介质时应在独立舱室内设置；

（5）热力管道不应与电力管道同舱设置；

（6）110kV 及以上电力电缆不应与通信电缆同侧设置；

（7）给水管道与热力管道同侧布置时，给水管道宜在上方；

（8）进入综合管廊的排水管应采用分流制，雨水纳入综合管廊可利用结构本体或采用管道排水方式；

（9）污水纳入综合管廊应采用管道排水方式，污水管道宜设置在综合管廊的底部。

3.3.5 入廊管线原则

管廊的入廊管线是结构设计中需要考虑的重要一环[80]，入廊管线的设置影响管廊的相关功能能否正常发挥；因此，对于入廊管线的相关原则做以下规定：

（1）综合管廊内宜收纳通信管线、电力管线、给水管线和再生水管线，综合管廊内若敷设燃气管线时，必须采取单一的舱位敷设，并与其他舱位有效隔断。设置有效的安全防护措施。

（2）综合管廊内相互无干扰的工程管线可设置在管廊的同一舱室，相互有干扰的工程管线应分别设在管廊的不同舱室。

（3）热力管道、燃气管道不得同电力电缆同舱敷设。

（4）燃气管道和其他输送易燃介质管道纳入综合管廊尚应符合相应的专项技术要求。

3.4 管廊的施工

城市建筑中有许多必要的建设管道或者线路等设备，这些设备是公共设备，城市中存在的这些设备给人们带来极大方便的同时也带来了一些不便，如不够美观、影响道路交通、占用土地、施工时交通堵塞等。为了减少这些不便，建筑工人将这些地表的管道和线路转移到地下，使城市建筑更加美观和谐，这就是综合管廊的建筑。综合管廊的建筑极大地解决了我国城市土地拥挤的问题。管廊结构设计完成之后，还应当全面考虑管廊的施工对于整个结构工程的影响。因此，综合管廊的施工，也是管廊工程设计中不可缺少的重要一环。

3.4.1 管廊施工前的准备

同其他建筑一样，在施工前需施工测量[81]。测量放样之前，测量人员首先熟悉图纸结构物的总体布置图、细部结构设计图。根据整体到局部的原则，以控制网作为放样依据，找出主要轴线和主要点的设计位置以及各部分之间的几何关系，再结合现场条件和控制点的分布，采取适宜的放样方法。施工测量贯穿整个施工过程，以保证施工质量。

地下综合管廊施工测设工艺流程，如图 3-8 所示。

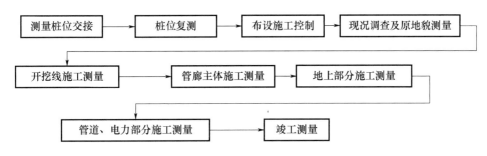

图 3-8　地下综合管廊施工测设工艺流程

城市地下综合管廊的结构形式与地下轨道交通或地下隧道相似，是一种水平方向连续贯通的结构形式，每隔不超过 30m 设置一处变形缝。针对上述特点，采用跳舱法进行综合管廊的土方开挖及回填施工，将极大地提高工程的综合效益。

但是，综合管廊的建设工程比较复杂，需要开挖的面积和深度比较大，开挖后地下会有各种水路相互交错，如果施工过程出现问题就会导致地面沉降，整个开挖工序全部被毁。因此，在开挖之前要加固地基，用水泥双轴搅拌桩来进行局部地区的方桩巩固，在地下结构复杂的地区利用高压喷桩来进行地基巩固。这些巩固桩子可以支撑管廊的主体，有效防止地基下沉。

此外，综合管廊主体结构一般由标准段、通风口、投料口、设备口、变电所、交叉口、倒虹口、控制中心等结构组成，而这些特殊口部结构主要通过标准段进行连接贯通，为了避免这些结构在覆土后或未来运行中出现不均匀沉降，通常不超过 30m 设置一道变形缝。在前期制定施工方案时应事先考虑各个口部施工顺序的问题。通常施工的顺序应遵循先深后浅、先难后易、先特殊后普通的原则进行。

3.4.2　管廊的施工方式

管廊的施工方式有多种。传统的施工方式主要以明挖法为主，但施工方式单一，并无大型的机械，效率较低。随着社会的发展、楼宇的增多、管线的增多、工程量的增多，传统的埋设方式与现代化的发展方向不契合，一旦大范围开发土地，无论是新建直埋式市政管线，还是扩建或改建，都将难上加难。因此，现代化的施工，对管廊的建设起到重要的作用。目前的施工方法主要有明挖现浇法、明挖预制拼装法、浅埋暗挖法、顶管法、盾构法等[82]。

城市地下综合管廊的主要施工工艺流程，如图 3-9 所示。

1. 明挖现浇法

在现阶段城市地下综合管廊工程施工中，明挖现浇法[83]是应用十分频繁的一种方法，在支护结构的支挡条件下，在地表进行地下基坑开挖，在基坑内施工做内部结构的施工。其特点是可以实现大面积施工作业，并将整个工程划分为多个施工标段同步开展施工，大幅度提升了施工效率。明挖法是一种综合管廊施工的常见方式，适用于新城区、郊区等地上障碍较少、交通较为宽松的地区，主体结构采用现浇的方式进行施工，待综合管廊施工完成后再进行相应道路、配套设施的施工，该种施工技术工艺简单、经济实惠，工程质量容易控制。

定位测量	通过建设单位给定的测量定位坐标、高程控制点来进行综合管廊的定位和高程控制
方案确定	制定工程的施工组织设计及各项专项施工方案
土方开挖	按照方案要求确定土方的放坡尺寸，分层进行土方开挖
验槽	基坑开挖至设计标高后，由地勘单位、设计单位、建设单位、施工单位共同对地基基础进行核验，核验合格后进行下一道工序
垫层及主体结构施工	根据设计图纸进行综合管廊的垫层及主体结构施工
防水保温施工	与主体结构进行合理的衔接施工，为下一道工序的施工提前做好准备
土方回填	选用合适的施工机械进行土方回填施工，回填土压实要严格参照结构设计说明要求进行施工
二次结构及水电安装	视主体结构施工进度情况合理地组织进行二次结构及水电安装工程的穿插施工
验收	每道工序验收合格后方可进行下一道工序施工

图 3-9　城市地下综合管廊的主要施工工艺

其不足的是施工周期相对较长，施工过程中会中断道路交通，影响城市居民的出行，并且容易受到周边环境的干扰（如原有居民拆迁进度、原有绿化设施、原有电线电缆等因素），且雨天、北方地区冬季无法施工等。在具体施工中，明挖现浇法常用于地势平坦且周边较为空旷的地段。明挖现浇法施工图，如图 3-10 所示。

图 3-10　明挖现浇法施工图

明挖现浇法地下管廊施工工序如下：

（1）地下管廊围护结构施工

常用的围护施工方法有钻孔灌注桩、地下连续墙、SMW 等。在施工时需结合施工条件以及经济利益多方面考虑，选择合适的方法。

（2）管廊主体结构施工

① 在地下管廊主体结构施工中，模板一般采用常规的"木模＋木檩条＋钢管撑"的形式，但在具体的施工中也应结合具体的施工条件，选择最合适的方案，对模板进行改进或其他操作。此外，为确保中隔墙混凝土密实，增加混凝土的坍落度、和易性，在浇筑混凝土时加强振捣并在下部模板处检查内部是否空洞。综合管廊的地下工程部分宜采用自防水混凝土，设计抗渗等级应符合表 3-2 中的规定。

表 3-2　防水混凝土抗渗设计等级

管廊埋设深度 H（m）	设计抗渗等级
$H<10$	P6
$10 \leqslant H \leqslant 20$	P8
$20 \leqslant H \leqslant 30$	P10
$H \geqslant 30$	P10

② 施工缝的设置。施工缝分成纵向伸缩缝和横向施工缝两种，其中纵向施工缝须考虑混凝土结构的伸缩变形，可采用最新型的可拆卸式止水伸缩缝。安装前对拼缝处混凝土缺陷进行处理，然后对钢板表面进行处理，再进行止水带的安装，最后采用压块固定橡胶止水带，这就完成了伸缩缝构造。在下一段伸缩缝混凝土浇筑之前，再将 5cm 厚挤塑聚苯板贴在新老混凝土连接处，这样，一来可以吸收混凝土的伸缩变形，二来可以对橡胶止水带起到一定的保护作用。

横向施工缝需高出底板标高 20cm 左右，以便模板可以罩至下部已成型的混凝土之上，并在中间用泡沫双面胶粘贴，以缓解混凝土漏浆的情况，提高防水性能。为确保下部混凝土密实，在混凝土浇筑前需要将原混凝土凿毛，将垃圾清理干净并接水泥浆，确保两次混凝土之间连接紧密。横向施工缝不需要考虑混凝土的伸缩变形，只需要在施工缝处留置钢板止水带即可。

（3）结构防水体系

地下管廊对防水要求较高，需要进行两道防水：自防水和外部防水两种。自防水体系为 C35P6 的混凝土主体结构，在侧墙穿管处每个套管外设置止水钢板，在群管处的迎水面设置遇水膨胀橡胶止水带；外部防水选用非固化沥青防水涂料，其可流动性能可对混凝土微裂缝进行填塞和修补，在外侧包裹沥青橡胶防水卷材，做到双保险。

2. 明挖预制拼装法

明挖预制拼装法[84]是一种较为先进的施工方法，要求有较大规模的预制厂和大吨位的运输及起吊设备，施工技术要求、工程造价较高，在发达国家较常用。采用这种施工方法的特点是施工速度快、施工质量易于控制。其主要的预制构件有带管座共同沟综合管廊、带底座钢筋混凝土拱涵、带底座钢筋混凝土多弧涵管、带底座多弧缆线沟等。预制拼装法与现浇法相比，预制混凝土涵管装配化施工更具质量保证、缩短工期、降低成本、节能环保等较为显著的优势（图 3-11）。

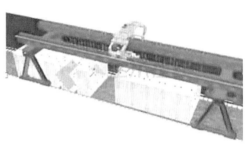

图 3-11　明挖预制拼装法施工图

3. 盾构法

盾构法[85]在城市地下综合管廊施工中的应用同样较为广泛，比较适用于软土地段，可以提供良好的保护。这种方法的机械化程度较高，因此使用到的人力资源较少，降低了施工组织的难度。施工人员的工作也偏向于机械操作管理。相较于其他方法，盾构法的施工速度较快，安全系数高，可以为施工过程中的很多作业项目提供盾构保护。但盾构法对工艺的要求偏高，采用这种方法的施工单位必须具备较强的综合能力。目前，在一些比较繁华的地段，如建筑物分布密集的区域，常常采用盾构法进行城市地下综合管廊工程施工，因为它对施工点周边环境的影响很小。虽然具备多种优点，但盾构法也存在一定的缺陷，如适应工程变化的能力较差、隧道覆土浅时地表沉降的控制难度较高、进行小曲线半径隧道施工时的难度较高。除了这些技术性问题外，盾构法的施工成本较高。盾构法施工图，如图 3-12 所示。

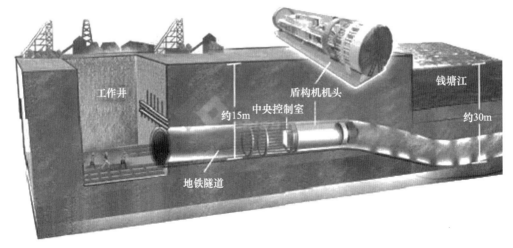

图 3-12　盾构法施工图

4. 浅埋暗挖法

浅埋暗挖法[86]是在距离地表较近的地下进行各类地下洞室暗挖的一种施工方法。其埋深浅，适应地层岩性差、存在地下水、周围环境复杂等条件。在明挖法和盾构法不适应的条件下，浅埋暗挖法显示出巨大的优越性。它具有灵活多变，道路、地下管线和路面环境影响性小，拆迁占地小，不扰民的特点，适用于已建城市的改造。

浅埋暗挖法的工作机理为浅埋暗挖法沿用新奥法基本原理，初次支护按承担全部基本荷载设计，二次模筑衬砌作为安全储备；初次支护和二次衬砌共同承担特殊荷载。应用浅埋暗挖法设计、施工时，同时采用多种辅助施工法，超前支护，改善加固围岩，调动部分围岩的自承能力；并采用不同的开挖方法及时支护、封闭成环，使其与围岩共同作用形成联合支护体系；在施工过程中应用监控量测、信息反馈和优化设计，实现不塌方、少沉降、安全施工等，并形成多种综合配套技术。浅埋暗挖法施工图，如图 3-13 所示。

图 3-13　浅埋暗挖法施工图

5. 顶管法顶管施工

顶管法顶管施工[87]是继盾构施工之后发展起来的一种地下管道施工方法。其特点是：它不需要开挖面层，并且能够穿越公路、铁道、河川、地面建筑物、地下构筑物以及各种地下管线等。

顶管法的施工机理：顶管施工借助于主顶油缸及管道间、中继间等的推力，把工具管或掘进机从工作井内穿过土层一直推到接收井内吊起。与此同时，也就把紧随工具管或掘进机后的管道埋设在两井之间，以期实现非开挖敷设地下管廊的施工方法。

顶管施工特别适用于大中型管径的非开挖铺设，具有经济高效、保护环境的综合功能。这种技术的优点是不开挖地面；不拆迁，不破坏地面建筑物；不破坏环境；不影响管道的段差变形；省时、高效、安全，综合造价低。

一般环境条件下综合管廊的混凝土设计强度等级要求见表 3-3，其中预应力混凝土的混凝土等级不宜低于 C40。

表 3-3　综合管廊混凝土的最低设计强度等级

	整体式钢筋混凝土结构	C30
明挖	预制钢筋混凝土结构	C50
	作为永久结构的地下连续墙和灌注桩	C30
暗挖	喷射混凝土衬砌	C20
	现浇混凝土或钢筋混凝土衬砌	C30
盾构	装配式钢筋混凝土管片	C50
顶管	钢筋混凝土管	C50

注：最冷月份平均气温低于－15℃的地区及受冻害影响的综合管廊，混凝土强度等级应适当提高。

3.4.3　各类截面的施工方法选取原则

在进行城市地下综合管廊施工的过程中，施工单位要根据不同的情况选择不同的施工技术方法。例如，针对各类截面应该选择不同的施工技术。如对于圆形截面，应该选择预制装配式的开槽施工工法或是顶进施工、盾构施工等不开槽的施工工法。对于矩形截面，则应选择预制装配式现浇施工或是盾构施工。对于异形截面形式，则应选择顶进施工浅埋暗挖法。需要特别注意的是，预制装配式施工法受断面尺寸的限制较大，其质量最好控制在20t以下。

3.4.4　城市地下综合管廊主体结构施工

首先，在进行城市地下综合管廊主体结构施工前，要制订完善的施工计划，尤其是对于侧壁、顶板、底板等管廊部位，必须制定合理的处置方案。对于埋深较深的部位，要对厚度进行合理设置。对于特殊节点部位，必须考虑各类管线穿插的空间需求。此外，要选择具有良好防水抗渗性能的材料，明确结构承载部件。其次，根据设计要求开展城市地下综合管廊主体结构测量工作，提高测绘控制点的布置密度，并在布置完成后进行闭合检查，验收合格之后才能应用到地下综合管廊主体结构施工中。需要注意的是，施工现场的测量、放线等作业必须严格依据标准控制点。最后，依据城市地下综合管廊设计形式和施工图纸的内容，对主体结构的浇筑和安装工序进行合理的设置，并严格按照标准规范开展施工作业活动，保证施工测量的精确性，保证钢筋绑扎的牢固性，同时正确处理好侧墙、顶板、底板等方面的问题，保证浇筑工作达到设计目标。需注意的是，在浇筑施工完成后，必须进行一段时间的养护工作。

3.4.5　城市地下综合管廊模板施工

在进行城市地下综合管廊模板施工的过程中，施工人员要严格贯彻执行现浇混凝土主体结构支模模板的工艺标准，根据各部分模板所处的具体环境选择合适的材质。在进行模板安装的过程中一定要严格遵照图纸内容，保证安装的稳固性，避免在浇筑作业中出现漏浆现象。

3.4.6 管廊的防水设计与施工

管廊与陆地建筑物一样，也需要防水设计，一方面保护管廊内的设备，使其正常工作，防止水利管廊的漏水；另一方面保证管廊结构的使用年限。

1. 综合管廊的防水设计原则

关于地下管道的防水性能，应在实际施工中采取有效的防护手段，主要以预防为主，能够设置多项防护措施，起到综合治理的效果，确定钢筋混凝土的结构体系。整体施工中，应将自防水结构作为根本的操作基础，采取可靠的控制结构，提升整体混凝土应用性能。以施工缝、变形缝、穿墙管等细部构造的防水为重点，同时在结构迎水面设置柔性全包防水层。

2. 地下防水的标准

《城市综合管廊工程技术规范》（GB 50838—2015）要求[88]，综合管廊防水等级为二级以上，有高压电缆和弱电线缆的防水等级应为一级。双山路（职白路一段）综合管廊结构防水等级设置为一级：结构不允许渗漏水，表面可有少量湿渍。总湿渍面积不应大于总防水面积（包括顶板、墙面、地面）的2/1000；任意100m²防水面积上的湿渍不超过3处，单个湿渍的最大面积不大于0.2m²。同时还要求平均渗水量不大于0.05L/(m²·d)，任意100m²防水面积上的渗水量不大于0.15L/(m²·d)。

3. 地下防水工程

防水混凝土在实际使用中，需要结合配合比试验数据，并在混凝土使用前，确保其适配满足施工等级。做好防水抗渗是混凝土的重要内容，除了这方面问题，还应满足抗裂、抗冻及抗侵蚀性等耐久性要求。防水混凝土的环境温度，不得高于80℃。防水混凝土结构底板的混凝土垫层强度等级不应小于C20，厚度不应小于100mm。

防水混凝土结构应符合下列规定：

(1) 结构厚度不应小于250mm。

(2) 变形缝处的结构厚度不应小于300mm，变形缝两侧需做等厚处理。

(3) 防水混凝土最大裂缝宽度应符合结构设计要求。一般情况下结构迎水面裂缝宽度≤0.2mm，背水面裂缝宽度≤0.3mm，并不得出现贯通裂缝。

(4) 钢筋的混凝土保护层厚度应符合结构设计要求。

(5) 在地下防水工程施工过程中，地下水水位应降至防水层以下300mm，并保持至土方回填完毕。对基坑周围的地表水必须设沟排除，不得流入基坑，严禁带水、带泥施工。基层表面清洁平整，用加直尺检查，最大空隙不应大于S_1mm，不得有空鼓、开裂及起砂、脱皮等缺陷，空隙只允许平缓变化。阴阳角处应做成半径为S_0mm的圆角。基层必须干燥，其含水率不得大于9%，检测简易方法是将1m×1m卷材或塑料布平铺在基层上，静置3～4h（阳光强烈时1.5～2h）后掀开检查，若基层覆盖部位及卷材或塑料布上未见水印即可施工。

施工工艺流程如下：

基层清理定位、弹线→节点附加增强层施工→热熔铺贴卷材→热熔封边→末端收口密封→检查、修整→保护层施工。

3.5 管廊工程混凝土配重层存在问题

3.5.1 混凝土配重层断裂问题概述

在某海底输气管道铺设施工中，直径 711mm、厚 100mm 的混凝土配重管多根出现宽 10～30mm、深 10～100mm 的环向裂缝，这些裂纹最明显的特征是均环绕管壁，断裂面与管轴近似 90，并有少量位移，有的断裂曲线甚至环绕管壁一周。混凝土配重管出现这样的断裂问题，容易与钢管脱离，甚至滑落水中，不仅影响海底管道铺设质量，还对管道正常运行带来不利影响。

3.5.2 断裂原因分析

1. 混凝土的配比及强度

国外的混凝土施工经验和有关资料表明，骨料的最大尺寸与钻核直径的比率在达到或超过 1：3 时对混凝土强度有很大影响，对其影响最大可以达到 20％。检查了配重管的生产配比记录和骨料检验记录，其中水泥的含量为 0.497％，骨料含量为 0.52％，铁矿砂的最大直径为 0.95mm，钻核直径 30mm，满足 ASTM—C150 标准要求；配重管混凝土配比为铁矿砂 70％、河砂 3％、水泥 22％、水 5％，与预生产质量试验配比及其结果是相符的。因此，认为混凝土配比对配重管层强度的影响不大。

混凝土的强度是配重管质量问题的关键，直接关系配重管能否经受住搬运过程中的机械碰撞、铺管过程中张紧器的压力以及水下配重管的拉应力。抽取了 17 根配重管钻核取样没有发现空腔问题；抗压强度试验结果均大于 41.4MPa，满足设计要求的压力值；用 2840kg 重锤以 90°的冲击角度和 0.276m/s 速度冲击试验管 15 次，每一次试验冲击功相当于 10kJ，结果显示混凝土剥落半径小于 300mm，并没有裸露出钢丝网，符合技术规格书的要求。但在混凝土有缝隙的部位，将混凝土击碎，看到外层的金属加固网没有与混凝土层很好地结合，在有外力的情况下表层混凝土易脱落，但对混凝土配重管质量影响不大。

2. 配重层与 PE 层的剪切力

在排除了混凝土质量问题后，又对配重管层与 PE 层进行剪切力检验，截取了 1.85m 长的两段混凝土管，分别编号为试样 A（混凝土层和 PE 层有微小的分离）与试样 B（混凝土层和 PE 层无分离），试样 A 顺利通过了最小剪切力 320kN 的要求，在剪切力增加到 480kN 时，保持压力 105kN，然后在压力下降到 430kN 时，混凝土层发生滑脱。

而试样 B 未发生滑脱现象。通过试验可以看出，配重层和防腐层间的微小缝隙，并不能从根本上影响混凝土配重管的整体抗剪切能力。因此，排除了配重层与 PE 层的抗剪强度存在问题。

3. 钢丝网搭接宽度及强度

钢丝网对混凝土起到固定及加强作用，其搭接宽度、位置直接关系混凝土配重层的强度。为此，对试验段配重管的钢丝网搭接宽度做了测量，测量结果均大于 20，符合标准规定。对钢丝网的抗拉强度及焊接点的抗剪切力进行测试，钢丝网的拉伸强度最小为 483MPa，最大为 513MPa；剪切力最小为 216MPa，最大为 350MPa，平均拉伸强度及抗剪切力均满足 ASTM-A82 和 ASTM-A185 标准要求，也就是说钢丝网的质量不存在问题。

4. 铺管设备及工艺

铺管船进入正常铺管作业后，受风浪作用处于运动状态，管道也随之窜动，张紧器的张力波动随之增大。需要根据张紧器张力波动情况随时调整其上、下静带压力，使张力保持在允许的范围内波动，减小管道的窜动，便于管道连接。托管架与张紧器联合使用能有效地改变水中悬跨管道的 S 形曲线，当张力不变时，管道应力随着托管架倾斜角度变化，在正常铺管作业中，要始终使托管架保持在允许的倾斜角变化范围内。

在铺管过程中，对中装置、定位设备、张紧器和托管架是重要的铺管设备，但在该项目的实际铺管过程中没有使用托管架，配重管在对接完后直接下放到海里，从而造成将入水部分的管道上弯段半径变小，增大了入水处管子的弯曲率；同时由于配重管的配重层厚度达到 100mm，在弯曲的过程中造成管体混凝土层应力集中，导致混凝土层开裂。因此认为无托管架进行辅助作业，是造成混凝土配重层断裂的主要原因。

3.5.3 整改措施

1. 确保配重管的涂敷质量

（1）全面清查配重管，对出现断裂、存在空腔和分层、表层有大面积脱落的混凝土配重管，进行扒皮重新涂敷。

（2）改进涂敷生产工艺，调整钢丝网固定架的牵引力度，加大混凝土喷射速度，使钢丝网同混凝土紧密结合在一起，减少表层混凝土的脱落。根据技术规格书和相关标准加大横向钢丝网的直径，加强抗拉强度及钢丝网焊接点的抗剪切力。

（3）加强温度检测，确保配重管的养护温度。在低于养护最低温度之前，应停止生产，并对配重管采取保温措施，使混凝土的强度不受影响。

2. 铺管工艺调整

（1）对于铺管船上已经焊接好的配重管，出现较小环向断裂时，可以用焊接的加固架套在断裂处，以加固混凝土层，避免裂纹扩大。

（2）建议施工方对其铺管工艺和设备进行调整，特别是在铺设混凝土层较厚的配重管时，应使用托管架，增大铺管的半径，减小铺管的弯曲度，避免应力集中，从而防止配重管混凝土层产生裂纹。

3.6 本章小结

根据以上的内容，研究、分析、总结如下：

（1）对管廊的基本情况进行了介绍。主要从管廊的类型、使用条件及管廊的特点入手展开了说明。

（2）对管廊的发展历程进行了介绍和分析。通过对国内和国外综合管廊的发展现状以及我国综合管廊典型案例及相关政策的解读，表明管廊工程发展的重要性。

（3）对管廊的结构设计部分进行了总结和分析。管廊结构设计包括几种综合管廊的重点介绍以及结构设计规范、平面布局、断面布置的一般规定。

（4）对管廊的施工部分作了重点的介绍和分析。这是研究的重点部分。

4 钢渣混凝土原材料的选择及其性能试验

钢渣混凝土[89]主要由普通水泥与密度较高的各类重粗骨料、重细骨料制成，各类粗细骨料除应满足混凝土的技术性能和生产成本外，还应考虑施工方面的可操作性。

钢渣混凝土配制的第一步就是原材料的选择。原材料的性能及质量直接影响混凝土的性能和质量，不但品质要满足钢渣混凝土的各项性能，还应最大限度地降低成本。各类粗细骨料的表观密度对钢渣混凝土起着决定性作用，在混凝土生产过程中，往往需要选择满足设计要求的最经济的粗细骨料。钢渣混凝土材料的选择应遵循性能稳定、无毒、容易获得、运输方便和价格低廉的原则。

为保证钢渣混凝土的各项性能，需要通过对国内各种高相对密度原材料进行调研并对其性能及适应性进行研究，研究内容包括密度，骨料尺寸、形状和级配等，并尽量采用性价比较高的配重材料，通过性能试验系统总结配制钢渣混凝土的原材料性能特点，找出粗细骨料的最优级配。

4.1 原材料选取原则

4.1.1 水泥

配制钢渣混凝土首先考虑的是混凝土的表观密度，其次是混凝土的强度。水泥是混凝土中最重要的一种胶凝材料，它的选择直接影响钢渣混凝土的强度、耐久性和经济性[90]。

强度等级较高的钢渣混凝土强度主要由粗骨料决定，水泥强度居于次要位置。钢渣混凝土一般为大体积混凝土，应充分考虑水泥水化热对混凝土性能的影响。因此，钢渣混凝土一般采用密度较大的水泥，一般可以采用硅酸盐水泥、普通硅酸盐水泥、火山灰质硅酸盐水泥、矿渣硅酸盐水泥、高铝水泥、镁质水泥等。其中普通硅酸盐水泥应用最多最广，这种水泥也最易获得，又相对比较便宜，需水性和水化热都相对较小。

高铝水泥可增加结合水的含量，可以应用于防辐射钢渣混凝土中，但水化热很大，施工中必须采取相应的冷却措施。此外，对于配制特高密度的钢渣混凝土，还可以考虑采用钡水泥、锶水泥，其水泥密度可以达到 $4000kg/m^3$ 以上。

水泥的密度表示水泥单位体积的质量。水泥的密度是进行钢渣混凝土配合比设计的重要指标之一，常用水泥的密度及性能见表 4-1。

表 4-1　常用水泥的密度及性能

水泥名称	密度（kg/m³）
硅酸盐水泥、普通硅酸盐水泥、矿渣硅酸盐水泥	2900～3100
高铝水泥	3000～3100
锶水泥、钡水泥	4000～4100

水泥密度的大小与水泥熟料的矿物成分和掺和料的种类有关，掺和料种类的不同，水泥的密度也相应不同。同时水泥受潮，比重也会出现较大幅度的改变。

一般情况下，钢渣混凝土的水泥用量较高，大于 350kg/m³，从而可以有足够的水泥浆阻止重骨料的沉降。一般采用不低于 42.5 强度等级的水泥，这样既有利于保证钢渣混凝土结构的强度，又不至于增加水泥用量，便于施工。

4.1.2　掺和料

同普通混凝土一样，矿物掺和料[91]在钢渣混凝土中使用也越来越频繁，几乎所有的钢渣混凝土都掺加矿物掺和料，常用的矿物掺和料有硅粉、矿渣粉、粉煤灰、沸石粉、石粉。以上矿物掺和料既可以单独使用，也可以两种、三种以上混合使用。因为粉煤灰表观密度比较低，所以本研究没有采用粉煤灰，而采用表观密度较高的矿渣粉，活性较高的超细硅粉，利用硅粉和矿渣粉的超叠加效应获得较高的活性系数和紧密填充效应。矿物掺和料是配制钢渣混凝土的重要材料，它能有效地改善钢渣混凝土的工作性、降低水化热、提高混凝土的后期强度和耐久性。同时矿物掺和料对混凝土的早期收缩有明显的降低作用，尤其在低水灰比的情况下能有效地减少混凝土的自身收缩。对于大体积钢渣混凝土，采用掺和料可以防止因结构实体体积过大水化热大量释放而造成温度收缩裂缝，影响结构的使用功能和美观。同时，在钢渣混凝土中加入一定数量的掺和材料还可提高其和易性、黏聚性、密实性，工作性。但需综合考虑其对混凝土表观密度的影响，需要经试验确定其掺量。

4.1.3　外加剂

减水剂[92]是在混凝土坍落度基本相同的条件下，能减少用水量的外加剂，减水剂主要用于减少混凝土的用水量，提高坍落度，改善工作性。钢渣混凝土中由于粗细骨料密度都较大而流动性又较差，因此宜选用减水率高、流动性好、保坍性好、强度增长快的高效减水剂。钢渣混凝土由于骨料的密度与其他材料的密度相差较大，重骨料容易沉降，造成混凝土离析泌水，在配制流动性好、表观密度大于 4000kg/m³ 的钢渣混凝土时加入适当的增黏剂可以有效防止骨料沉降泌水。

4.1.4　骨料

通常钢渣混凝土都采用重骨料[93]，如铁、磁铁矿、褐铁矿、赤铁矿、重晶石、烧结球等。一般使用的骨料品种有限，不同场合所需混凝土的表观密度不尽相同，因此在完全使用一种骨料时，若只保证容重可能会出现混凝土的砂率不适当而造成的和易性较差，或混凝土容重超出标准太高经济性较差的问题。在配制容重较小的钢渣混凝土时，建议选用普通骨料和中骨料或廉价的工业废渣搭配来实现。

1. 重骨料

（1）重骨料的定义。凡是密度较大，且含有多量的重元素的骨料称为重骨料，如铁球、铁砂、硅铁、磁铁矿、褐铁矿、赤铁矿、重晶石、钢渣等。钢渣混凝土常用的重骨料中磁铁矿的密度一般为 $4900 \sim 5200 kg/m^3$，赤铁矿的密度为 $5000 \sim 5300 kg/m^3$，用这两种材料配制钢渣混凝土表观密度可以达 $3200 \sim 3800 kg/m^3$。重晶石的密度低于磁铁矿，品位好的能达到 $4300 \sim 4700 kg/m^3$，用重晶石配制的钢渣混凝土，其表观密度在 $3400 \sim 3600 kg/m^3$。由于重晶石属于一种脆性材料，因此用它做骨料配制的混凝土最高强度只能达到 C40。铁质骨料包括各种钢段、钢块、钢砂、铁砂、铁屑、钢球等，采用铁质骨料做钢渣混凝土，表观密度可以达到 $6000 kg/m^3$，强度可以达到 C80 以上。

（2）重骨料的分类。重骨料依其属性分为天然重骨料、人工重骨料和工业废渣重骨料三大类，具体品种见表 4-2。

表 4-2　重骨料按材料属性分类

类别	主要品种
天然重骨料	铁矿石、种晶石
人造重骨料	硅铁、钢球、钢段、铁砂、钢砂
工业废渣重骨料	钢渣、磷铁渣

重骨料依比重大小分为一般骨料、重骨料、超重骨料，具体性能见表 4-3。

表 4-3　重骨料性能

骨料分类	骨料名称	密度（kg/m³）	主要化学元素	可以配制混凝土密度（kg/m³）
一般骨料	砂、石	2600～2700	Si	2350
	石灰石、辉绿石、玄武岩	2600～3100	Si、Al、Ca	2590
	高炉钢渣	2600～3100	Fe	3520
重骨料	钛铁矿石	4500	Fe、O、Ti	3440～3840
	重晶石	4300～4700	BaSO₄	3200～3400
	磁铁矿石	4900～5200	Fe、O、H	3200～4000
	赤铁矿石	5000～5300	Te	5900
超重骨料	磷铁渣	6200～6600	Te、P	5110
	铁砂	7500～7800	Te	5690
	钢段	7800	Te	5690

2. 骨料的密度

（1）堆积密度

根据规定的捣实条件，把骨料放入容器中，装满容器后的骨料质量除以容器的体积，称为紧密容重。骨料在自然堆积状态下单位体积的质量称为堆积容重。

（2）表观密度

骨料密度是指包括非贯通毛细孔在内的骨料质量与骨料体积（不包括骨料颗粒间的空隙）的比，这样的密度称为"视密度"（也称为"表观密度"）。

3. 骨料的含水状态及饱和面干吸水率

骨料一般有干燥状态、气干状态、饱和面干状态和湿润状态四种含水状态，如图4-1所示。

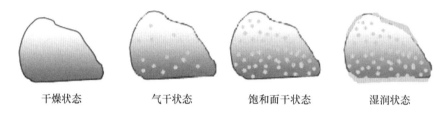

干燥状态　　　　气干状态　　　　饱和面干状态　　　　湿润状态

图 4-1　骨料含水状态

骨料含水率等于或接近于零时称干燥状态；含水率与大气湿度相平衡时称气干状态；骨料表面干燥而内部孔隙含水达饱和时称饱和面干状态；骨料不仅内部孔隙充满水，表面还附有一层表面水时称湿润状态。

在拌制钢渣混凝土时，由于骨料含水状态的不同，将影响混凝土的用水量和骨料用量。骨料在饱和面干状态时的含水率，称为饱和面干吸水率。在计算重混凝土中各项材料的配合比时，以饱和面干骨料为基准，则不会影响混凝土的用水量和骨料用量，因为饱和面干骨料既不从混凝土中吸取水分，也不向混凝土拌和物中释放水分。因此，本研究以饱和面干状态骨料为基础，这样配制出的钢渣混凝土的用水量和骨料用量的控制比较准确。而在一般工业与民用建筑工程中混凝土配合比设计，常以干燥状态骨料为基准。这是因为坚固的骨料其饱和面干吸水率一般不超过2％，而且在工程施工中，又经常测定骨料的含水率，并及时调整混凝土组成材料实际用量的比例，从而保证混凝土的质量。

4. 空隙率

骨料的空隙率[94]主要取决于其级配。颗粒的形状和表面粗糙度对空隙率也有影响。颗粒接近球形或者正方形时，空隙率较小；而颗粒棱角尖锐或者扁长的，空隙率较大；表面粗糙，空隙率较大。卵石表面光滑，粒形较好，空隙率一般比碎石小。碎石约为45％，卵石为35％～45％。

砂子的空隙率一般在40％左右。粗砂颗粒有粗有细，空隙率较小；细砂的颗粒较均匀，空隙率较大。

5. 最大粒径及级配

混凝土是由紧密堆积的骨料和其间填充的起到黏结作用的水泥浆所构成的，骨料的级配显得非常重要。骨料级配[95]包含两方面的内容：一个是颗粒的尺寸大小（粒径）问题；另一个是各粒级数量相对多少，即粒径分布问题。颗粒的级配或粒径分布是骨料的重要特性，因为它决定了工作性良好的混凝土对水泥浆的需要量和工作性。水泥浆的需求量是由骨料间需填充的空隙和骨料需要包裹的表面积所决定的。钢渣混凝土的骨料应具有良好的级配，以防止钢渣混凝土骨料下沉产生离析，由于骨料不足而造成的任何孔隙都会使设计钢渣混凝土的密度降低。

6. 本文研究的重骨料

（1）钢渣

钢渣是一种铁矿物经高温冶炼后形成的残留物，在温度1500～1700℃下形成，高温下呈液态，缓慢冷却后呈块状。它是炼钢后排除的废渣，主要由钙、铁、硅、镁和少量铝、锰、磷等的氧化物组成，主要的矿物相为硅酸三钙、硅酸二钙、钙镁橄榄石、钙镁蔷薇辉石、铁铝酸钙以及硅、镁、铁、锰、磷的氧化物形成的固熔体，以及少量游离氧化钙以及金属铁、氟磷灰石等。有的地区因矿石含钛和钒，钢渣中也稍含有钛和钒。

钢渣呈灰褐色，呈蜂窝状或密实的状态，质地较为坚硬（图4-2），是一种最廉价、最广泛的材料，已逐渐被应用于建筑领域。

（2）重晶石

我国重晶石储存量丰富，但大多数密度在3500～3800kg/m³，品位好的能达到4300～4700kg/m³，用重晶石配制的钢渣混凝土，其表观密度在3400～3600kg/m³。由于重晶石属于一种脆性材料，所以用它做骨料配制的混凝土最高强度只能达到C40。本书采用了武汉十堰产的重晶石（图4-3），表观密度在4120kg/m³，重晶砂为同密度重晶石破碎而成，粒径0～5mm，细度模数2.6。

图4-2 钢渣　　　　　　　　　　　图4-3 十堰产的重晶石

（3）磁铁矿

磁铁矿（MagnetITe）是一种氧化铁的矿石，主要成分为 Fe_3O_4，是 Fe_2O_3 和 FeO 的复合物，呈黑灰色，表观密度为 $4800\sim5200kg/m^3$，含 Fe 72.4%，O 27.6%，具有磁性。在选矿（Beneficiation）时可利用磁选法，处理非常方便；但是由于其结构细密，故被还原性较差。经过长期风化作用后变成赤铁矿。本研究采用安徽铜陵磁铁矿（图 4-4），表观密度在 $4820kg/m^3$，矿砂为同比重磁铁矿石破碎而成，粒径 $0\sim5mm$，细度模数 2.6。

图 4-4　磁铁矿

（4）铁砂

采用 $0\sim5mm$ 粒径的铁砂（图 4-5），表观密度 $6500kg/m^3$，颗粒级配 $5\sim25mm$ 铁豆（图 4-6），表观密度 $6500kg/m^3$。

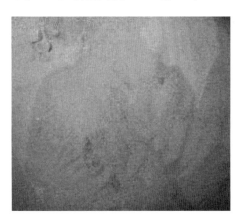

图 4-5　铁砂

图 4-6　铁豆

4.1.5　水

采用可饮用水或井水拌制，可以降低拌和物温度，从而降低混凝土结构内部最高温度和减少内外温差，减小温度裂缝产生的可能性。其技术指标满足国家标准《混凝土用水标准》（JGJ 63—2006）的有关规定。

4.2 钢渣原材料选择试验

4.2.1 采用的检测方法

1. 钢渣化学成分检测

钢渣的化学成分按照《钢渣化学分析方法》（YB/T 140—2009）的规定测定。

2. 钢渣矿物组成检测

钢渣的矿物组成采用 FEIQ45 型环境扫描结构形态，采用 D/Max/200PC 型 X-射线衍射仪测试矿物组成。

3. 钢渣重金属浸出检测

钢渣的重金属浸出按照《EPA 检测方法》（USEPA 6020A—2007）《水质 汞的测定 原子荧光光度法》（SL 327.2—2005）检测，并按照《危险废物鉴别标准浸出毒性鉴别标准》（GB 5085.3—2007）进行判定。

4. 钢渣稳定性检测

钢渣稳定性按照《钢渣稳定性试验方法》（GB/T 24175—2009）、《钢渣应用技术要求》（GB/T 32546—2016）测定。

5. 钢渣粗细筛分含量检测

钢渣粗骨料筛分含量按照《散装矿产品取样、制样通则 粒度测试方法》（GB 2007.7 1987）进行检测。

6. 钢渣压碎值、含泥量、表观密度检测

均采用《普通混凝土用砂、石质量及检验方法标准》（JGJ 52—2006）进行检测。

7. 钢渣比表面积测量

采用 3H-2000BET-A 型全自动氮吸附比表面仪进行检测。

4.2.2 钢渣原材料选择试验

1. 钢渣化学成分分析

目前，我国钢渣处理厂内主要生产转炉滚筒渣、电炉滚筒渣、铁水脱硫三大类。因此，首先选定这三种钢渣进行化学分析，以选取适合本研究的实验对象。此外，考虑环境安全性，还需要进行三种钢渣的浸出毒性分析。钢渣的化学成分分析见表 4-4 及表 4-5。

表 4-4 钢渣的主要化学成分 质量分数,%

种类	SiO_2	Fe_2O_3	Al_2O_3	CaO	MgO	FeO	S	P_2O_5	f-CaO
铁水脱硫渣	14.58	3.24	1.37	58.49	1.65	6.29	2.75	0.05	13.3
转炉滚筒渣	11.72	11.49	1.53	41.32	6.50	15.52	0.115	1.71	5.61
电炉滚筒渣	10.78	15.68	2.29	27.97	2.57	19.95	0.129	1.03	0.00

表 4-5 转炉滚筒渣、电炉滚筒渣、铁水脱硫渣浸出毒性结果样品状态：
TCLP 沥出液（HJ/T 299—2007）

金属-金属和主要阳离子 GB 5085.3—2007	单位	转炉滚筒渣	电炉滚筒渣	铁水脱硫渣	限值 GB 5085.3—2007 (mg/L)
铍（9Be）	ng/L	0.068	0.152	0.211	0.020
锑（47Ti）	ng/L	4.671	14.630	13.160	—
铬（52Cr）	ng/L	0.771	84.680	0.228	15.000
钴（59Co）	ng/L	3.567	1.168	7.816	
镍（60Ni）	ng/L	62.820	22.240	151.700	5.000
铜（65Cu）	ng/L	7.300	5.398	27.940	100.000
锌（66Zn）	ng/L	0.829	8.235	17.020	100.000
砷（75As）	ng/L	0.577	0.443	0.534	5.000
硒（2Se）	ng/L	0.492	0.445	7.037	—
银（107Ag）	ng/L	0.000	0.000	1.075	5.000
镉（111Cd）	ng/L	0.069	0.109	0.119	1.000
钡（137Ba）	ng/L	31.090	232.4	595.800	100.000
铅（208Pb）	ng/L	3.993	0.970	3.616	5.000

由表 4-4 可以看出，三种钢渣的浸出毒性远小于标准的要求，所要利用的钢渣品种安全可靠，适合作为实验研究参考对象。从化学成分分析（表 4-4）中可以看到，三种钢渣化学成分差别很大，仅从化学成分中分析铁水脱硫渣游离钙含量较高，超过了 10% 的含量，作为配重材料使用时会存在膨胀性的问题，严重影响配重块的稳定性，故不建议作为混合料矿料使用，转炉滚筒渣与电炉滚筒渣化学成分比较接近，且电炉滚筒渣游离氧化钙含量为零，体积安定性无任何问题，可作为配重材料使用。从转炉滚筒渣和电炉滚筒渣的产量分析，决定使用转炉渣作为实验的研究对象。

2. 转炉滚筒渣性能分析

（1）SEM 图及 EDX 分析

由表 4-6 可见，转炉渣中前三位的元素含量分别为氧、钙及铁。由图 4-7 可见，转炉滚筒渣微粉的形状很不规则，在放大 10000 倍的情况下仍能看到团聚结构，结构形态相对稳定。

表 4-6 转炉滚筒渣的表面元素组成及丰度表

元素	质量百分比（质量分数,%）	原子数百分比（%）
C	0.03	0.06
O	48.22	70.06
Mg	2.5	2.39
Al	0.86	0.74
Si	3.55	2.94

元素	质量百分比（质量分数,%）	原子数百分比（%）
P	0.79	0.60
Ca	29.89	17.33
Fe	14.16	5.89
合计	100	

图 4-7　钢渣 SEM 图

（2）XRD 图对照转炉滚筒渣的 XRD 图谱分析（图 4-8），转炉滚筒渣中的主要成分为两种不同形态的氧化钙，含量占转炉渣主要成分的 1/2 以上。这也与钢渣主要元素含量形成相互验证。除氧化钙外，转炉滚筒渣中有两种形态的氧化铁，氧化铁的含量约占钢渣成分的 1/4。

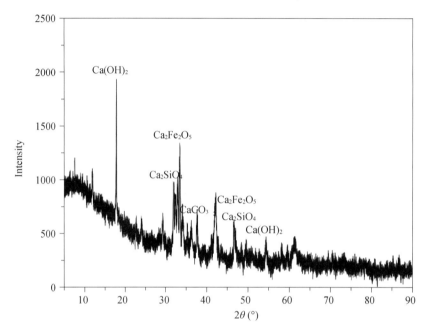

图 4-8　转炉滚筒渣的 XRD 图谱

（3）钢渣比表面积测量通过对钢渣微粉进行等温氮气吸附检测，吸附等温线如图 4-9 所示，经图中数据进行计算，其比表面积为 $0.541m^2/g$，将其作为配重材料，经济适用。

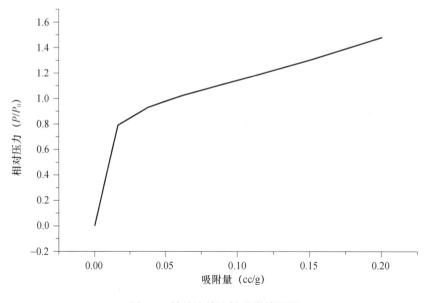

图 4-9　转炉滚筒渣粉吸附等温线

（4）钢渣基础性能测试钢渣各项基础性能见表4-7。

表 4-7　钢渣骨料性能指标

项目	单位	数值
密度	kg/m³	3800
f-CaO 含量	%	5.6
含泥量	%	0
MgO	%	5.76
压碎值	%	13
筛分含量（<0.8mm）	%	＞80
筛分含量（<3mm）	%	＞80

（5）钢渣密度变化测试

对我国钢渣处理厂生产的转炉滚筒渣进行密度追踪，每隔3d取一批转炉滚筒渣测密度后进行月平均，从历月测试的数据（表4-8）可知，转炉滚筒渣的密度基本稳定 $3.8×10^3 kg/m^3$，密度性质稳定。

表 4-8　转炉滚筒渣历月平均密度测试

月份	密度（kg/m³）
一月	3800
二月	3790
三月	3760
四月	3770
五月	3860
六月	3850
七月	3780
八月	3810
九月	3850
十月	3790
十一月	3860
十二月	3850

通过对钢渣处理厂内生产的主要钢渣类型及各种其他配重材料的基础特性进行研究，通过基础化学成分分析、浸出毒性分析，并从体积安定性的角度考虑，选取转炉滚筒钢渣作为配重原材料。在此基础上，通过对转炉滚筒钢渣的表面元素组成及丰度、SEM 与 XRD 分析、比表面积测量、钢渣密度长期跟踪测试以及物理性能指标研究，发现转炉滚筒钢渣是一种密度在 $3.8×10^3 kg/m^3$，并长期稳定的配重材料，其前三位的元素含量分别为氧、钙及铁，结构形态稳定，氧化铁的含量约占钢渣成分的 1/4，其比表面积为 $0.541×10^3 kg/m^3$。

4.3　原材料技术指标

4.3.1　水泥技术指标

水泥作为胶凝材料是土木工程建设的主要材料之一，其用量决定着混凝土的强度等级。钢渣作为粗骨料，其吸水率比普通碎石高，容易导致混凝土前期失水过多而引起开裂。普通硅酸盐水泥抗干缩性能良好，实验中水泥主要采用曲阳太行山水泥有限公司生产的 42.5 普通硅酸盐水泥，水泥技术指标检验结果见表 4-9。

表 4-9　水泥技术指标检验结果

强度等级	3d（MPa）		28d（MPa）		比表面积	初凝时间（min）	终凝时间（min）
	抗压强度	抗折强度	抗压强度	抗折强度			
42.5	22.4	4	45.4	7.1	430	201	293

4.3.2　粉煤灰技术指标

实验中粉煤灰主要采用石家庄上安电厂生产的 Ⅱ 级粉煤灰，粉煤灰技术指标检验结果见表 4-10。

表 4-10　粉煤灰技术指标检验结果

型号	细度	烧失量	需水量比	含水率	安定性
Ⅱ级	9.8	4.40％	105％	0.50％	3.0min

4.3.3　减水剂技术指标

实验中减水剂主要采用河北青华建材有限公司生产的聚羧酸减水剂，减水剂技术指标检验结果见表 4-11。

表 4-11　减水剂技术指标检验结果

含固量	pH 值	密度	减水率	泌水率	凝结时间差	
					初凝	终凝
23％	6.1	1.088	27.70％	54.80％	−31min	−22min

4.3.4　细骨料技术指标

试验中细骨料主要采用河沙，其筛分结果见表 4-12。

表 4-12　细骨料筛分结果

干燥试样总量（kg）	第 1 组				第 2 组				平均
	5.0				5.0				通过百分率（%）
筛孔尺寸（mm）	筛上重 m_i（kg）	分计筛余（%）	累计筛余（%）	通过百分率（%）	筛上重 m_i（kg）	分计筛余（%）	累计筛余（%）	通过百分率（%）	
	(1)	(2)	(3)	(4)	(1)	(2)	(3)	(4)	(5)
4.75	0.3	6.0	6.0	94	0.32	6.4	6.4	93.6	93.8
2.36	0.65	13.0	19.0	81.0	0.60	12	18.4	81.6	81.3
1.18	0.7	14.0	33.0	67.0	0.8	16	34.4	66.6	66.8
0.6	1.5	30.0	63.0	37.0	1.45	29	63.4	36.6	36.8
0.3	1.3	26.0	89.0	11.0	1.35	27	90.4	9.6	10.3
0.15	0.4	8.0	97.0	3.0	0.35	7	97.4	2.6	2.8
筛底 $m_底$	0.1436	2.872	100.0	0.0	0.1264	2.528	100.0	0.0	—
筛分后总量 $\sum m_i$（kg）	4.9936	100.0	—	—	4.9964	100.0	—	—	—
损耗 $m_损$（g）	6.4	—	—	—	3.6	—	—	—	—
损耗率（%）	0.128	—	—	—	0.072	—	—	—	—

　　由图 4-10、表 4-12 可知，试验所用河砂中细砂占多数，且细度模数偏小，接近属于特细砂范畴，级配不良。

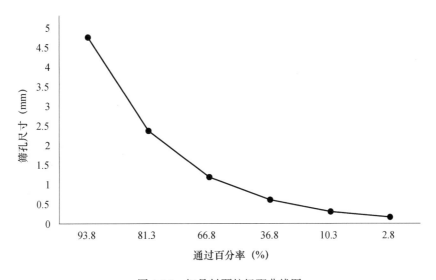

图 4-10　细骨料颗粒级配曲线图

由表 4-13 可知，河砂中含泥量较多，细度模数为 1.694，试验采用将 0.15mm 以下粒径筛除的河砂。河砂的表观密度为 2850kg/m³，若试验中细骨料全部采用河砂，则钢渣混凝土密度很难达到配重要求。

表 4-13 细骨料技术指标检验结果

表观密度	紧密堆积	松散堆积	石粉含量	细度模数
2850kg/m³	1775kg/m³	1620kg/m³	11.2%	1.694

4.3.5 钢渣技术指标

混凝土中粒径大于 5mm 的骨料称为粗骨料。粗骨料的抗压强度、粒径范围、颗粒级配、吸水率等对混凝土的工作性能有重要影响。试验采用钢渣代替传统粗骨料，钢渣筛分试验结果及技术指标见表 4-14、表 4-15。

由表 4-14、图 4-11 可知，钢渣骨料中，粒径 4.5～19mm 占很大比例，此粒径钢渣可代替普通混凝土中的粗骨料。

表 4-14 钢渣筛分结果

干燥试样总量（kg）	第 1 组				第 2 组				平均
	8.0				8.0				
筛孔尺寸（mm）	筛上重 m_i（kg）	分计筛余（%）	累计筛余（%）	通过百分率（%）	筛上重 m_i（kg）	分计筛余（%）	累计筛余（%）	通过百分率（%）	通过百分率（%）
	(1)	(2)	(3)	(4)	(1)	(2)	(3)	(4)	(5)
19	2.1	26.25	26.25	73.75	2.05	25.625	25.625	74.375	74.0625
9.5	2.95	36.875	63.125	36.875	3.0	37.5	63.125	36.875	36.875
4.75	1.35	16.875	80	20	1.2	15	78.125	21.875	20.9375
2.36	0.65	8.125	88.125	11.875	0.75	9.375	87.5	12.5	12.1875
0.6	0.45	5.625	93.75	6.25	0.52	6.5	94	6.0	6.125
0.075	0.45	5.625	99.375	0.625	0.454	5.675	99.675	0.325	0.475
筛底 $m_底$	0.0198	0.2475	100.0	0.0	0.0236	0.295	100.0	0.0	—
筛分后总量 $\sum m_i$（kg）	7.9698	100.0	—	—	7.9976	100.0	—	—	—
损耗 $m_损$（g）	30.2	—	—	—	2.4	—	—	—	—
损耗率（%）	0.3775	—	—	—	0.03	—	—	—	—

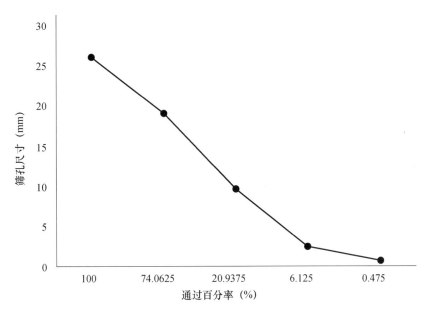

图 4-11　钢渣级配曲线

表 4-15　钢渣技术指标检验结果

表观密度	紧密堆积	松散堆积	1h 吸水率	2h 吸水率	空隙率
3360.5kg/m³	2025kg/m³	1800kg/m³	1.84%	1.85%	39.60%

由表 4-15 可知，钢渣作为粗骨料其表观密度为 3360kg/m³，合理地使用钢渣可以达到配重需求。钢渣 1h 吸水率为 1.84%，2h 吸水率为 1.85%，钢渣混凝土浇筑阶段，钢渣吸水会使混凝土中的水分快速丧失，对混凝土的和易性有较大影响。

4.4　本章小结

通过对于钢渣混凝土材料进行原材料的组成研究，确定了实验所用原材料指标，本章总结如下：

（1）对钢渣混凝土原材料的选取原则进行了详细的介绍和分析，最终确定原材料选取包括水、掺和料、外加剂、骨料及水共同制备钢渣混凝土。

（2）对于钢渣混凝土所使用的钢渣进行了更进一步的研究和分析。通过对于钢渣原材料的检测与分析，最终确定实验所使用的钢渣品种。

（3）对钢渣混凝土各原材料技术指标进行了分析，主要从水泥、粉煤灰、减水剂和细骨料四个方面对最终确定的原材料进行了检验与分析。

5 废旧钢渣混凝土配合比设计

5.1 普通混凝土配合比设计原理

大约在两千年前，罗马建筑大师 Vitruvius 就建议："蓄水池应由五份洁净的硕砂、两份强度极高的快熟石灰及每块质量不超过一磅的熔岩碎片所组成。"这一建议就是混凝土配合比的最早定义，它已经具备了现代混凝土配合比设计实践中的一些特点。

普通混凝土配合比设计[96]的方法和基本理论的研究可追溯到 19 世纪末。最初的配合比设计理论是从强度计算理论开始的，如瑞士学者 Bolomy、法国学者 Feret、美国学者 Abrams、Dowers 以及 Talbot、Richart 等。20 世纪初至 50 年代，研究人员把配合比设计的研究重点转向混凝土骨料的级配理论和强度，如美国学者 Fuller、Abrams、Weymouch 以及瑞士学者 Bolomy 等。此后，人们更多研究的是利用实验方法确定混凝土配合比，甚至绘出计算图表。我国自 20 世纪 50 年代以来，长期使用瑞士学者 Bolomy 经大量试验数据统计拟合的公式：

$$R_{28} = R_C A \left(\frac{C}{W} \right) - B \tag{5-1}$$

该式试验时的条件是使用硅酸盐水泥、级配良好而干净的河砂、粒形匀称的石子，系数 A、B 依石子品种而异；该式适用于坍落度为 $30 \sim 90$mm 的塑性混凝土，因施工性和经济性的要求，我国在使用该式时要求水泥强度 R_C 和混凝土强度 R_{28} 的关系为 R_C 为 $1.5 \sim 2.0$ 倍 R_{28}。但是，从 20 世纪 70 年代引进减水剂后，直到当前得以大量使用的高性能减水剂，混凝土强度已经不再单纯依赖于水泥强度。

Feret 公式是法国的 Feret 于 19 世纪末提出的混凝土强度公式，形式如下：

$$f = B \left(\frac{V_C}{V_C + V_W + V_a} \right)^2 \tag{5-2}$$

式中　　　B——常数；

V_C、V_W、V_a——混凝土中水泥、水、骨料的体积。Feret 公式表明了混凝土强度和初始结构（体积比）的关系。大连理工大学王立久教授提出了采用砂石平均表观密度 ρ 的配合比计算方法：

$$\bar{\rho} = \frac{\rho_s \rho_G}{\rho_G S_P + (1 - S_P) \rho_s} \tag{5-3}$$

式中　S_P——砂率，$S_P = \dfrac{S}{S + G}$。

将式（5-2）代入式（5-1）中，整理得：

$$n=\bar{\rho}\left[\left(\frac{1000-10a}{w}-1\right)\frac{C}{W}-\frac{1}{\rho_{\mathrm{C}}}\right] \tag{5-4}$$

式中　n——骨灰比，$n=\dfrac{S+G}{C}$；

　　　$\dfrac{W}{C}$——水灰比。

式（5-4）是普通混凝土配合比设计的数学模型。砂石平均表观密度 $\bar{\rho}$ 包含骨料表观密度 ρ_{s}、ρ_{G} 和砂率 S_{P} 的概念。同一地区，骨料表观密度 ρ_{s}、ρ_{G} 一般变化不大，所以 $\bar{\rho}$ 主要取决于砂率 S_{P}。砂率的数学表达式如下：

$$S_{\mathrm{P}}=\left(1+\frac{e_{\mathrm{s}}}{\rho_{\mathrm{s}}}\right)-\frac{\left(1+\dfrac{e_{\mathrm{s}}}{\rho_{\mathrm{s}}}\right)e_{\mathrm{s}}}{n}\left(\frac{1}{\rho_{\mathrm{C}}}+\frac{W}{C}\right) \tag{5-5}$$

式中　e_{s}——密实系数（$\mathrm{g/cm^3}$）；

　　　n——骨灰比；

　　　ρ_{s}——粗骨料堆积空隙率（%）；

　　　ρ_{C}——粗骨料堆积密度（$\mathrm{g/cm^3}$）。

同时，各种水泥的密度一般在 $2800\sim3200\mathrm{kg/m^3}$，$\dfrac{1}{\rho_{\mathrm{C}}}$ 的变化不大，水泥品种对 n 影响不大。根据式（5-5）可以看出，影响混凝土配合比计算的主要参数是粗细骨料表观密度、单位用水量、水灰比和砂率。我国普通混凝土配合比设计是按原材料性能及对混凝土的技术要求进行计算，经试配调整最终确定配合比。除我国在《普通混凝土配合比设计规程》中采用了此式配制混凝土外，日本、俄罗斯等国也采用此式配制混凝土。公式如下：

$$f_{\mathrm{c,28}}=K_1 f_{\mathrm{ce}}\left(\frac{C}{W}-K_2\right) \tag{5-6}$$

式中　K_1、K_2——与骨料、工艺有关的系数；

　　　f_{ce}——水泥 28d 标准胶砂强度。

$$f=\frac{K_1}{K_2 W/C} \tag{5-7}$$

式中　K_1、K_2——经验常数；

　　　W/C——混凝土拌和物水灰比。

当水灰比变化较小时，通过数学变换，式（5-6）可简化成直线形式，如下：

$$f_{\mathrm{c,28}}=a-b\frac{C}{W} \tag{5-8}$$

式（5-8）表明了强度与水灰比呈线性关系，可形象称为水灰比强度公式。

Bolomy 公式、Feret 公式和 Abrams 公式均为经验性的公式，其中都有需要确定的经验系数。计算一般是按经验查表先确定单位用水量 W 和砂率 S_{P}，同时按 Bolomey 公

式求出水灰比 W/C，最后按混凝土假定表观密度法或绝对体积法计算出材料组成。W、W/C、S_P，是我国普通混凝土配合比设计的三个基本参数。

"假定密度法"是在绝对体积法的基础上产生的。绝对体积法是假设混凝土体积等于各组成材料的绝对体积和含空气体积的总和，公式如下：

$$\frac{C}{\rho_C}+\frac{S}{\rho_s}+\frac{G}{\rho_G}+\frac{W}{\rho_w}+10\partial=100 \tag{5-9}$$

式中　C、S、G、W——分别表示单位体积混凝土水泥、细骨料、粗骨料和水的用量；

　　　ρ_C、ρ_s、ρ_G、ρ_w——分别表示各组成材料的表观密度；

　　　α 表示混凝土的含气量百分数，当不考虑引气剂的影响时，$\alpha=1$。

5.2　钢渣混凝土与普通混凝土配合比设计的差异

目前，我国普通混凝土配合比设计主要考虑混凝土强度指标，而重混凝土除强度指标外，还包括表观密度、工作性、经济性等多项指标。重混凝土配合比设计不仅要满足设计强度的要求，更关心的是如何满足设计密度的要求。普通混凝土用的骨料为碎石或卵石，其密度值基本相同，为 $2600\sim2700\mathrm{kg/m^3}$，所以用其配制的混凝土密度值一般在 $2350\sim2450\mathrm{kg/m^3}$，而重混凝土采用的重骨料密度变化范围大，用其配制的混凝土密度范围变化也非常大，要用密度值为多大的骨料才能配制出符合设计密度值要求的混凝土呢？单纯采用普通混凝土配合设计方法就存在一定的局限性，缺乏科学性和准确性，设计的施工配合比中其混凝土性能指标经常与实际需要差距较大，如果混凝土密度实测值与设计密度值之间存在较大的误差，往往要多次设计优化才能配制出合适的施工配合比，这造成了成本的增加，密度富余如果过大还会增加结构的负荷。

5.3　钢渣混凝土的设计指导原则

5.3.1　设计指导原则

（1）表观密度，满足结构设计所需的表观密度；

（2）坍落度，满足工作性能所需要的坍落度；

（3）满足混凝土设计要求的抗压强度、抗折强度和抗渗等级等力学性能。

除上述技术指标外，重混凝土配合比设计还需要满足如下要求：

（1）可施工性，满足混凝土在施工中所设计的拌和物和易性，除易于浇筑外，还应将混凝土离析和泌水降到最小，保证重混凝土密度的均匀性；

（2）经济性，在满足以上要求的前提下，尽可能降低成本，设计出来的混凝土配合比经试配试验，密度实测值不超过设计值的 2%。

5.3.2 设计要点

因为配重混凝土对强度的要求较低，一般在 C25 以下，因此配制配重混凝土时必须以达到设计密度为首要目标。

5.3.3 设计要求

（1）为了充分利用重骨料的较大表观密度，根据骨料的表观密度和混凝土的容重要求，以单方混凝土中最多能掺入量为原则。

（2）在混凝土容重偏低时铁粉可作为胶凝材料取代部分水泥，这样可提高混凝土的容重，但混凝土的成本在提高。

（3）水的表观密度较小，尽量选小用水量，来降低水对容重的影响。

（4）水泥的用量以满足混凝土设计强度、和易性为原则。

5.4 重混凝土配合比设计方法研究

重混凝土配合比设计比普通混凝土配合比设计更为复杂，重混凝土配合比设计的量化指标除混凝土强度值外，还增加了混凝土的表观密度。对于有特殊冻融要求的还需要考虑含气量。

5.4.1 重混凝土拌和物表观密度测定及计算方法

1. 试验步骤

（1）用湿布把容量筒内外擦干净，称出容量筒质量，精确至 50g。

（2）混凝土的装料及捣实方法应根据拌和物的稠度而定。坍落度不大于 70mm 的混凝土，用振动台振实为宜；大于 70mm 的用捣棒捣实为宜。采用捣棒捣实时，应根据容量筒的大小决定分层与插捣次数：用 5L 容量筒时，应分两层装添混凝土拌和物，每层的插捣次数应为 25 次；用大于 5L 的容量筒时，每层混凝土的高度不应大于 100mm，每层插捣次数应按每 10000mm^2 截面不小于 12 次计算。各次插捣应由边缘向中心均匀地插捣，插捣底层时捣棒需贯穿整个深度，插捣第二层时，捣棒应插透本层至下一层的表面；每一层捣完后用橡皮锤轻轻沿容器外壁敲打 5～10 次，进行振实，一直至拌和物表面插捣孔消失并不见大气泡为止。

采用振动台振实时，应一次将混凝土拌和物装到高出容量筒口。装料时可用捣棒稍加插捣，振动过程中如混凝土低于筒口，应随时添加混凝土，振动直至表面出浆为止。

（3）用刮尺将筒口多余的混凝土拌和物刮去，表面如有凹陷必须填平；将容量筒外壁擦净，称出混凝土试样与容量筒总质量，精确至 50g。

2. 混凝土拌和物表观密度的计算

$$\gamma_h = (W_2 - W_1)/V \times 1000 \qquad (5\text{-}10)$$

式中　γ_h——表观密度（kg/m^3）；

　　　W_1——容量筒质量（kg）；

　　　W_2——容量筒和试样总质量（kg）；

　　　V——容量筒容积（L）。

验算结果的计算精确至 $10kg/m^3$。

5.4.2　重混凝土拌和物含气量测定及计算方法

1. 含气量测定仪

测定仪由容器及盖体两部分组成。容器应由硬质、不易被水泥浆腐蚀的金属制成，其内表面粗糙度不应大于 $3.2\mu m$，内径应与深度相等，容积为 7L。盖体应与容器相同的材料制成，应包括气室、水找平室、加水阀、排水阀、操作阀、进气阀、排气阀及压力表。压力表的量程为 $0\sim0.25MPa$，精度为 $0.01MPa$。容器及盖体之间应设置密封垫圈，用螺栓连接，连接处不得有空气存留，并保证密闭。

2. 混凝土拌和物含气量试验步骤

（1）用湿布擦净容器和盖的内表面，装入混凝土拌和物试样；

（2）捣实可采用手工或机械方法。当拌和物坍落度大于 70mm 时，宜采用手工插捣，当拌和物坍落度不大于 70mm 时，宜采用机械振捣，如振动台或插入或振捣器等；

（3）捣实完毕后立即用刮尺刮平，表面如有凹陷应填平抹光；然后在正对操作阀孔的混凝土拌和物表面贴一片塑料薄膜，擦净容器上口边缘，装好密封垫圈，加盖并拧紧螺栓；

（4）关闭操作阀和排气阀，打开排水阀和加水阀，通过加水阀向容器内注入水；当排水阀流出的水流不含气泡时，在注水的状态下，同时关闭加水阀和排水阀；

（5）开启进气阀，用气泵注入空气至气室内压力略大于 $0.1MPa$，待压力示值仪表示值稳定后，微微开启排气阀，调整压力至 $0.1MPa$，关闭排气阀；

（6）开启操作阀，待压力示值仪稳定后，测得压力值 P_{01}（MPa）；

（7）开启排气阀，压力仪示值回零；重复上述（5）至（6）的步骤，对容器内试样再测一次压力值 P_{02}（MPa）；

（8）若 P_{01} 和 P_{02} 的相对误差小于 0.2% 时，则取 P_{01}、P_{02} 的算术平均值，按压力与含气量关系曲线查得含气量 A_0（精确至 0.1%）；若不满足，则应进行第三次试验，测得压力值 P_{03}（MPa）。当 P_{03} 与 P_{01}、P_{02} 中较接近一个值的相对误差不大于 0.2% 时，则取两值的算术平均值查得 A_0；当仍大于 0.2% 时，则此次试验无效。

3. 混凝土拌和物含气量计算

$$A = A_0 - A_g \qquad (5\text{-}11)$$

式中　A——混凝土拌和物含气量（％）；

　　　A_0——两次含气量测定的平均值（％）；

　　　A_g——骨料含气量（％）。

5.5　钢渣混凝土配合比设计主要参数关系试验研究及相应数据分析

5.5.1　用水量对混凝土密度的影响

试验粗细骨料选用首钢产的钢渣，胶凝材料总量 340kg，保持配合比中胶材、钢渣粒和钢渣砂的用量不变，改变用水量配制重混凝土，测试重混凝土拌和物表观密度（表 5-1）。

表 5-1　采用钢渣作骨料重混凝土试验配合比

编号	砂率（％）	材料用量（kg/m³）					表观密度（kg/m³）
		水	水泥	钢渣砂	5～25 钢渣粒	减水剂	
1-1	43	140	340	1083	1436	3.4	3010
1-2	43	150	340	1083	1436	3.4	2975
1-3	43	160	340	1083	1436	3.4	2900
1-4	43	170	340	1083	1436	3.4	2874
1-5	43	180	340	1083	1436	3.4	2840
1-6	43	190	340	1083	1436	3.4	2820
1-7	43	200	340	1083	1436	3.4	2800

由表 5-1 得出，重混凝土的表观密度与单位用水量存在着一定的关系，单位用水量越多，其表观密度越小，变化范围比较大，这是因为当胶凝材料体积一定时，用水量最大的浆体将占据最大可得的空间总体积，同时由于水的密度比较小，因此随用水量的增大，自由水在混凝土水泥浆体重所占比例逐步提高，导致混凝土表观密度的逐步减低。

5.5.2　骨料级配对混凝土密度的影响

配重石子为重质矿石破碎而成，其表面粗糙、棱角多，较为清洁，与水泥石间的界面黏结力强。重混凝土的容重不仅取决于矿石自身的密度，还取决于其粗骨料的颗粒级配。配重矿石由于采用机械破碎，粒径为 10～25mm 的碎石级配较差，需要掺加 5～10mm 粒径的矿石来调整颗粒级配成为较理想的连续级配碎石（表 5-2～表 5-4）。

表 5-2　不同级配重晶石松散堆积密度试验结果

种类、连续级配	5～10mm	10～25mm	10～20mm	20～25mm	5～25mm
堆积密度（kg/m³）	2173	2216	2173	2131	2255
空隙率（％）	48	47	48	49	46

表 5-3　5～10mm/10～25mm 重晶石二级配的松散堆积密度试验结果

项目	5～10mm 重晶石/10～25mm 重晶石		
比例	2：8	3：7	4：6
表观密度（kg/m³）	4180	4180	4180
堆积密度（kg/m³）	2340	2382	2340
孔隙率（%）	44	43	44

表 5-4　5～10mm、10～20mm、20～25mm 重晶石碎石三级配的松散堆积密度试验结果

比例	2：7：1	1：7：2	2：6：2
表观密度（kg/m³）	4180	4180	4180
堆积密度（kg/m³）	2340	2299	2340
孔隙率（%）	44	45	44

通过表 5-2、表 5-3、表 5-4 可以看出，三级配石子的空隙率降低幅度小于二级配；二级配 5～10mm、10～25mm 重晶石碎石二级配比例为 3：7 时孔隙率最小。采用级配比例为 3：7 的 5～10mm 重晶石/10～25mm 重晶石二级配石子进行混凝土试验。

通过表 5-5 的数值试验结果可以看出：编号 1-1 与编号 1-2、编号 1-3、编号 1-4 干容重相比，采用二级配石子的混凝土容重明显提高，编号 1-2、编号 1-3、编号 1-4 相比，随着用水量的降低，容重增加明显，由此证明提高重混凝土比重的重要因素是采用良好的级配和降低用水量。

表 5-5　采用重晶石作骨料重混凝土试验配合比

编号	材料用量（kg/m³）								泵送剂	表观密度
	水	水泥	硅粉	矿渣粉	砂	石				
						5～10mm	10～25mm	5～25mm		
1-1	160	300	0	100	1320	0	0	1680	5.78	3420
1-2	160	300	0	100	1290	513	1197	0	5.78	3456
1-3	155	300	0	100	1290	513	1197	0	5.78	3478
1-4	150	300	0	100	1290	513	1197	0	5.78	3510

5.5.3　掺和料对重混凝土密度的影响

重混凝土的一个重要指标是其表观密度，在实际施工中还需要考虑其和易性。进一步通过复掺硅粉和矿粉来提高和易性和后期强度，降低水泥用量，减少水化热（表 5-6）。

表 5-6　采用磁铁矿石作骨料重混凝土试验配合比

编号	砂率（％）	材料用量（kg/m³）							泵送剂	表观密度（kg/m³）
		水	水泥	硅灰	矿渣粉	磁铁矿砂	磁铁矿石			
							5～10mm	10～25mm		
1-1	43	160	400	0	0	1487	591	1380	4	4002
1-2	43	160	340	20	40	1487	591	1380	4	4016
1-3	43	160	320	20	60	1487	591	1380	4	4012
1-4	43	160	300	20	80	1487	591	1380	4	4020
1-5	43	160	280	20	100	1487	591	1380	4	4008
1-6	43	160	260	20	120	1487	591	1380	4	4014

通过表 5-6 的数值试验结果可以看出：掺加矿粉和硅灰的重混凝土密度比纯水泥有显著的提高，但不同掺量的矿粉对表观密度的影响不大，主要原因是使用硅灰和矿粉后重混凝土在高效减水剂的作用下，极小的圆球形硅粉颗粒的表面覆盖了一层表面活性物质，与水泥颗粒以及其他矿物掺和料粒子一样，使颗粒表面产生静电斥力，由于颗粒的硅粉粒子远小于水泥粒子，它们在水泥颗粒之间起到"滚珠"作用，使水泥浆体的流动性增加。另外，没有掺入硅粉或其他矿物掺料浆体中，由于水泥粒子之间的空隙未被固体颗粒填充，因此，处于水泥颗粒表面的水分较少，而填充于水泥颗粒空隙中的填充水很多；当硅粉或其他活性矿物掺和料的微细粒子填充于水泥颗粒间的空隙中时，就将原来填充于空隙中的填充水置换出来，因而密度增大，但由于矿粉自身的表观密度与水泥相比差别不大，因此掺加硅粉和矿粉的重混凝土随矿粉的增加表观密度变化不大。

5.5.4　含气量对重混凝土密度的影响

由于重混凝土振捣状况对混凝土的密实程度有较大的影响，在低用水量未使用引气性减水剂且振捣密实的情况下，可认为混凝土内部的含气量是一个很小的数，可以忽略不计。但对于某些特殊环境的重混凝土，要考虑其抗冻融性。这种情况下就必须采用掺加引气剂的方法让其达到所需要的技术指标。本研究采用了掺加引气剂的减水剂，通过改变引气剂的含量研究混凝土含气量及对表观密度的影响（表 5-7）。

表 5-7　采用铁砂做细骨料、钢豆做粗骨料重混凝土试验配合比

编号	砂率（％）	材料用量（kg/m³）						引气剂	泵送剂	表观密度（kg/m³）
		水	水泥	矿渣粉	铁砂	钢豆				
						5～10mm	10～25mm			
1-1	43	150	300	100	2253	744	1735	0	4	5270
1-2	43	150	300	100	2253	744	1735	0.02％	4	5219
1-3	43	150	300	100	2253	744	1735	0.03％	4	5089
1-4	43	150	300	100	2253	858	2002	0.036％	4	4993

通过表 5-7 中的数值试验结果可以看出：

（1）采用铁砂与铁豆做粗细骨料的混凝土，由于骨料属于超重骨料，因此胶凝材料总量不宜过低，因为铁物质骨料吸水率极低，用水量以能满足混凝土黏聚性为第一原则。

（2）掺加引气剂的重混凝土表观密度低，随着引气剂的增加混凝土表观密度下降明显，主要原因是重混凝土本身密度较高，随着引气剂含量的增大，引入混凝土的微小气泡越来越高，该气泡占据了混凝土的体积，导致混凝土表观密度降低。

5.6 质量法与体积法相结合配合比设计方法

5.6.1 重混凝土配合比设计技术路线

设计的重混凝土与实际施工配合比误差偏离较大，因此在本文中采用绝对体积法与质量法相结合的计算方法。

5.6.2 重混凝土配合比中重骨料需要检测的几个重要技术指标

（1）表观密度：（按《普通混凝土配合比设计规程》（JGJ 55—2011）规定计算）

（2）有效表观密度：称取在饱和面干状态下的骨料 m，再将其放入水中测其排出水体积 v，则有效表观密度 $\rho = m/v$。

5.6.3 重混凝土配合比计算的公式

$$m_{c1}/\rho_{c1} + m_{c2}/\rho_{c2} + m_g/\rho_g + m_s/\rho_s + m_w/\rho_w + \beta = 1 \tag{5-12}$$

由于重混凝土振捣状况对混凝土的密度影响较大，在低用水量未使用引起减水剂将其振捣密实的情况下，可认为混凝土内部含气量近似为零，不在公式里体现。公式变为：

$$m_{c1}/\rho_{c1} + m_{c2}/\rho_{c2} + m_g/\rho_g + m_s/\rho_s + m_w/\rho_w = 1 \tag{5-13}$$

式中 m_{c1}、ρ_{c1}——每立方米混凝土水泥用量、表观密度；

m_{c2}、ρ_{c2}——每立方米混凝土掺和料用量、表观密度；

m_g、ρ_g——每立方米混凝土重骨料用量、表观密度；

m_s、ρ_s——每立方米混凝土细骨料用量、表观密度；

m_w、ρ_w——每立方米混凝土总用水量、表观密度。

5.6.4 重混凝土配合比公式的验证

对于重混凝土，一般工程会要求把密度作为混凝土的一个指标来向混凝土搅拌站申请混凝土，为了验证此方法的实用性，配制以下混凝土。

（1）要求强度等级 C30，密度 3000kg/m³。选用材料使用本研究的水泥、钢渣、钢渣砂。

假设：每立方米混凝土浸泡后的钢渣 Xkg，钢渣砂 Ykg；$W/C=0.40$，$m_{c1}=300$kg，$m_{c2}=100$kg，$m_w=160$kg，砂率 0.41，钢渣采用 3:7 的 5~10mm/10~25mm 的二级配，含气量取 0。

将以上数据代入式（5-13），则公式变成：

$$300/3100+100/2860+X/3500+Y/3500+160/1000=1 \quad X/(X+Y)=0.41 \tag{5-14}$$

计算出：$X=1015$kg

$Y=1461$kg

按表 5-8 数据进行试配得试验结果见表 5-9。

表 5-8　配合比

编号	砂率（%）	材料用量（kg/m³）						
		水	水泥	矿渣粉	砂	钢渣粒		泵送剂
						5~10mm	10~25mm	
1-1	41	160	300	100	1015	438	1017	4

表 5-9　试验结果

编号	计算密度（kg/m³）	刚出盘湿密度（kg/m³）	硬化后密度（kg/m³）	28d 强度（MPa）
1	3000	3008	3020	45

试验结果分析：混凝土出盘情况和易性好，随着时间推移坍落度损失较小，与普通混凝土相差不多。

实测密度与设计密度误差 0.7%，以上是使用一种重骨料在满足混凝土和易性前提下能达到的最大密度计算方法。

（2）对于使用两种以上重骨料搭配配制重混凝土，一般使用的骨料品种有限，而混凝土的密度要求却很多，因此在完全使用一种骨料时，如果再保证密度则会出现混凝土砂率不好而造成和易性不好的问题，或者出现混凝土密度远远超出标准要求，经济上不合算，因此在使用一种大密度材料配制较轻混凝土时，需要用比较便宜的骨料来搭配实现。

这种情况下公式变为：

$$m_{c1}/\rho_{c1}+m_{c2}/\rho_{c2}+m_{g1}/\rho_{g1}+m_{g2}/\rho_{g2}+m_{s1}/\rho_{s1}+m_{s2}/\rho_{s2}+m_w/\rho_w=1 \tag{5-15}$$

式中　m_{c1}、ρ_{c1}——每立方米混凝土水泥用量、表观密度；

m_{c2}、ρ_{c2}——每立方米混凝土掺和料用量、表观密度；

m_{g1}、ρ_{g1}——每立方米混凝土重骨料 1 用量；

m_{g2}、ρ_{g2}——每立方米混凝土重骨料 2 用量、表观密度；

m_{s1}、ρ_{s1}——每立方米混凝土细骨料 1 用量、表观密度；

m_{s2}、ρ_{s2}——每立方米混凝土细骨料 2 用量、表观密度；

m_w、ρ_w——每立方米混凝土总用水量、表观密度。

设计实例：配制密度为 3750kg/m³ 的混凝土试验。选用骨料：磁铁矿石、钢渣砂、磁铁矿砂；设 $m_总=400kg$，$W/C=0.4$ 掺和料采用矿粉，取代 25% 水泥用量；

已知数：$m_{c1}=m_总 7×5\%$，$m_{c2}=m_总×25\%$，$m_w=m_总×(W/C)$，$s_p=38\%$；

未知数，m_{s1}、m_{s2}、m_{g1} 则公式为：

$$300/3100+100/2860+m_{g1}/4820+m_{s1}/3510+m_{s2}/4820+160/1000$$

$$=1300+100+m_{g1}+m_{s1}+m_{s2}+160=37500.38$$

$$=(m_{s1}/3510+m_{s2}/4820)/[(m_{s1}/3510+m_{s2}/4820)+m_{g1}/4820 \qquad (5\text{-}16)$$

解三元一次方程计算出 $m_{g1}=2115$，$m_{s1}=593$，$m_{s2}=482$（表 5-10）。

表 5-10   配合比

编号	砂率（%）	材料用量（kg/m³）							
		水	水泥	矿渣粉	钢渣粉	磁铁矿砂	磁铁矿石（3:7）		泵送剂
							5～10mm	10～25mm	
1-1	41	160	300	100	593	482	635	1480	4

按表 5-10 数据进行试配，得到如下试验结果（表 5-11）。

表 5-11   试验结果

项目	计算密度（kg/m³）	刚出盘湿密度（kg/m³）	硬化后密度（kg/m³）	28d 强度（MPa）
测定值	3750	3740	3769	46.8

试验结果分析：混凝土出盘情况和易性好，随着时间推移坍落度损失较小。实测密度与设计密度误差（3769－3750）/3750＝0.5%，误差较小，可忽略不计。

5.7 本章小结

通过对钢渣混凝土材料进行配合比设计研究，最终确定了管廊工程中钢渣混凝土的最佳配合比，本章总结如下：

（1）对普通混凝土及废旧钢渣混凝土配合比设计原理进行了对比分析，最终确定了钢渣混凝土的设计指导原则及配合比设计思路。

（2）对于废旧钢渣混凝土配合比设计原则进行了详细的介绍，主要包括设计原则、设计要点及设计要求。

（3）对废旧钢渣混凝土配合比设计方法进行了对比研究，探究了用水量、骨料级配、掺和料及含气量对废旧钢渣混凝土密度的影响，最终采用体积与质量法相结合的方式对废旧钢渣混凝土进行配合比设计。

6 废弃钢渣混凝土力学性能试验分析

钢渣混凝土主要应用于配重领域，除考虑其密度以外最重要的就是工作性能，其次是其抗压强度指标，部分有冻融需求的还需要考虑其含气量的影响。目前人们对这些性能的研究相对较少且没有形成体系。结合第4章对所采用的不同材料、不同配比相应比重的钢渣混凝土研究用水量、粗骨料级配、掺和料、含气量对所对应钢渣混凝土的抗压强度及工作性能进行研究。

（1）工作性：工作性指的是新拌混凝土从拌和开始到浇筑完成整个过程中易于拌和、浇筑，并获得稳定、密实的结构实体的性质。

（2）坍落度：混凝土的工作性常用定量指标表示，影响钢渣混凝土坍落度的主要因素是用水量，其次是骨料的种类和级配、掺和料、含气量等。

（3）抗压强度：混凝土的强度常常指的是其抗压强度，即由标准试件承受压力荷载，直到破坏的数值，在工程实践中，给定龄期和养护条件下重混凝土强度被认为主要取决于两个因素，即水胶比和密实程度。混凝土的水胶比可以在一定范围内变化，但充分密实的混凝土孔隙率应该小于 1%。

（4）混凝土抗冻性按《普通混凝土长期性能和耐久性能试验方法标准》（GB/T 50082—2009）中快冻法的标准来测定，即试件尺寸为 100mm×100mm×400mm，每组 3 块，试件经标准养护 24d 后，再在水中浸泡 4d，然后进行抗冻试验。混凝土中心冻结温度为 −15～−19℃，融化温度为 4～8℃，每个冻融周期为 3～4h，每隔 25 次冻融循环测定一次混凝土质量变化与动弹性模量，混凝土动弹性模量采用共振法测定，试验共进行 100 次冻融循环。

6.1 试件制作、养护及测试方法

试件制作[97]步骤如下：

（1）材料混合。称取所需铁矿砂和水泥，将其混合搅拌 1min 后再加入一定量的水，再搅拌 1.5min。材料混合搅拌的时间不宜过长，否则会造成高密度铁矿砂的离析。

（2）浇筑。将均匀混合的材料分为三层逐步添加到尺寸为 100mm×100mm×100mm 的模具中，并在添加过程中用电锤对其进行冲击捣实，过分的振捣也会造成铁矿砂的离析。浇筑过程主要依据 BS EN 12390 2：2009 进行。

（3）养护。制作完立方体试件后，将润湿后的塑料薄膜覆盖在其表面，并在室温下养护 24h。脱模后，将立方体试件放入水中浸泡至养护期结束。

混凝土抗压强度的测试主要依据 BS EN12390-3：2009 进行，6 个测量值的最大值或最小值中如有一个和平均值的差值超过平均值的 15% 时，则把最大值和最小值一并舍去，将剩余 4 个测量值再次进行平均值计算。密度测试主要依据 BS EN12390-7：2009 进行，其中立方体干重为经过烘箱烘至恒重后的质量，体积为排水法所测体积。

6.2　用水量对重混凝土性能的影响

通过以钢渣作为粗细骨料，水泥用量 340kg，用水量从 140kg 依次增加 10kg，考察用水量对钢渣为骨料重混凝土强度的影响（表 6-1 和表 6-2）。

表 6-1　采用钢渣作骨料重混凝土试验配合比

编号	砂率 (%)	材料用量（kg/m³）				
		水	水泥	钢渣砂	5～25mm 钢渣粒	减水剂
1-1	43	140	340	1083	1436	3.4
1-2	43	150	340	1083	1436	3.4
1-3	43	160	340	1083	1436	3.4
1-4	43	170	340	1083	1436	3.4
1-5	43	180	340	1083	1436	3.4
1-6	43	190	340	1083	1436	3.4
1-7	43	200	340	1083	1436	3.4

表 6-2　用水量对以钢渣为骨料重混凝土强度及工作性能的影响

编号	出机坍落度 (mm)	1h 坍落度 (mm)	其他情况	7d 强度 (MPa)	28d 强度 (MPa)
1-1	140	100	流动性一般、和易性好，保水性好	32.2	42.3
1-2	150	120	流动性较好、和易性优良，保水性好	31.8	43.1
1-3	180	160	流动性好、和易性优良，保水性好	29.2	38.9
1-4	185	170	流动性好、和易性优良，保水性好	26.3	33.2
1-5	200	190	流动性较好、和易性一般，保水性一般	22.4	30.6
1-6	250	230	离析、和易性差，保水性差	20.0	28.2
1-7	260	250	离析、和易性差，保水性差	18.4	24.8

由表 6-1、表 6-2 分析可得：

（1）随着用水量的增大，水灰比由 0.41 增大为 0.59，强度由 42.3MPa 下降到 24.8MPa，同普通混凝土规律基本一致。

（2）随着用水量的增大，混凝土坍落度变大，但抗压强度降低，在每立方米用水量为 160kg、170kg 时，工作性能最好；用水量大于 160kg 时，随着用水量的增加混凝土保水性、和易性都逐渐变差，抗离析能力降低。

（3）以钢渣为粗细骨料的混凝土，用水量在 160kg 时抗压强度最高，工作性能最好。

6.3　骨料级配对重混凝土性能的影响

采用级配比例为 3：7 的 5~10mm/10~25mm 的重晶石二级配石子进行混凝土试验，考察对以重晶石为骨料混凝土性能的影响（表 6-3 和表 6-4）。

表 6-3　采用重晶石作骨料重混凝土试验配合比

编号	砂率（%）	材料用量（kg/m³）								泵送剂
		水	水泥	硅灰	矿渣粉	砂	石			
							5~10mm	10~25mm	5~25mm	
1-1	44	160	300	0	100	1320	0	0	1680	5.78
1-2	43	160	300	0	100	1290	513	1197		5.78
1-3	43	155	300	0	100	1290	513	1197		5.78
1-4	43	150	300	0	100	1290	513	1197		5.78

表 6-4　粗骨料级配对采用重晶石为骨料的试件的抗压强度性能和工作性能的影响

编号	出机坍落度（mm）	1h 坍落度（mm）	扩展度（mm）	其他情况	7d 强度（MPa）	28d 强度（MPa）
1-1	200	190	440	流动性、黏聚性一般，保水性较差	25.2	41.4
1-2	220	200	500	和易性优良	30.0	45.5
1-3	210	190	490	和易性良好	33.3	46.7
1-4	210	190	490	和易性好	32.4	47.9

分析表 6-3、表 6-4 可得：

（1）编号 1-1、1-2 相比，在用水量相同时，编号 1-2 的流动性、黏聚性、保水性和 28d 强度明显优于 1-1；证明调整为二级配（比例为 3：7）连续级配碎石，对改善混凝土的和易性作用明显，且 28d 强度明显提高；

（2）编号 1-1、1-3、1-4 相比，在分别减少 5kg、10kg 用水量的情况下，编号 1-3、1-4 仍能保持较好的和易性；编号 1-1 与 1-4 相比，只是石子不同，采用普通连续级配石子的混凝土与采用二级配石子的混凝土和易性相差非常大，进一步验证了在保证混凝土和易性的前提下，采用二级配石子可以较大幅度地降低混凝土用水量；

（3）编号 1-4（二级配比例为 3：7）降低用水量 10kg 时，28d 混凝土的强度最高，也符合混凝土的规律。

6.4　掺和料对重混凝土性能的影响

利用硅灰、矿粉复掺技术等质量取代水泥，固定硅灰掺量5%，考察矿粉掺量对以磁铁矿为粗细骨料重混凝土性能的影响（表6-5和表6-6）。

表6-5　采用磁铁矿石作骨料重混凝土试验配合比

编号	砂率（%）	材料用量（kg/m³）							
		水	水泥	硅灰	矿渣粉	磁铁矿砂	磁铁矿石		泵送剂
							5~10mm	10~25mm	
1-1	43	160	400	0	0	1487	591	1380	4
1-2	43	160	340	20	40	1487	591	1380	4
1-3	43	160	320	20	60	1487	591	1380	4
1-4	43	160	300	20	80	1487	591	1380	4
1-5	43	160	280	20	100	1487	591	1380	4
1-6	43	160	260	20	120	1487	591	1380	4

表6-6　掺和料对以磁铁矿石为骨料的试件的抗压强度和工作性能的影响

编号	出机坍落度（mm）	1h坍落度（mm）	其他情况	7d强度（MPa）	28d强度（MPa）
1-1	200	190	流动性一般、黏聚性好，和易性一般	21.7	48.0
1-2	210	200	流动性好、和易性优良	20.4	49.2
1-3	200	190	流动性好、和易性优良	21.4	51.6
1-4	210	200	流动性好、和易性好	22.4	54.5
1-5	200	195	流动性好、和易性好	21.0	52.5
1-6	210	195	流动性好、和易性好	20.6	52.0

6.5　含气量对重混凝土性能的影响

采用铁砂与铁豆作粗细骨料配制设计配合比，测定含气量对重混凝土性能的影响（表6-7和表6-8）。

表6-7　采用铁砂作细骨料、钢豆作粗骨料重混凝土试验配合比

编号	砂率（%）	材料用量（kg/m³）						引气剂（%）	泵送剂
		水	水泥	矿渣粉	铁砂	钢豆			
						5~10mm	10~25mm		
1-1	43	150	300	100	2253	744	1735	0	4
1-2	43	150	300	100	2253	744	1735	0.02	4
1-3	43	150	300	100	2253	744	1735	0.03	4
1-4	43	150	300	100	2253	858	2002	0.036	4

表6-8 含气量对以铁质材料为骨料试件的抗压强度、工作性能的影响

编号	出机坍落度（mm）	1h坍落度（mm）	含气量（%）	其他情况	7d强度（MPa）	28d强度（MPa）
1-1	160	130	0.2	流动性差，黏聚性好，保水性差	49.2	65.5
1-2	170	140	1.1	流动性一般，黏聚性一般，保水性差	46.0	60.4
1-3	180	160	3.4	流动性较好，黏聚性一般，保水性一般	43.3	58.5
1-4	200	180	5.0	流动性较好，黏聚性好，保水性较好	40.4	56.4

表6-8为固定水灰比条件下，含气量对抗压强度和工作性能的影响，抗压强度随着含气量的升高而逐渐降低，工作性能逐渐提高，当引气剂掺量为0.036%时，含气量达到5.0%，强度减少接近10MPa，而工作性能达到最好状态。分析可得，混凝土的抗压强度取决于水泥石的强度，由于气泡的存在，在一定程度上影响了水泥石的密实度，进而直接影响混凝土的强度。因此，随着含气量的提高，抗压强度呈下降的趋势。

表6-9列出了含气量在1.1%和5.0%时，重混凝土抗冻试验试件的相对动弹模量。可见掺加引气剂后混凝土的抗冻性明显提高，100次冻融循环对其影响较小，而含气量为1.1%的混凝土相对动弹模量仅为65.88%，几乎被破坏。当引气剂掺量为0.036%时，混凝土含气量可达到5.1%，该混凝土经过100次冻融循环后相对动弹模量为97.34%。主要是由于引气剂引入微气孔在冰冻过程中能释放毛细管内的冰晶膨胀压力，避免生成破坏压力，减少了冻融的破坏作用，从而提高了重混凝土的抗冻性。

表6-9 含气量对以铁质材料为骨料试件抗冻融性能的影响

编号	含气量（%）	冻融循环次数				
		0	25	50	75	100
A2	1.1	100	96.56	84.56	74.48	65.88
A4	5.0	100	99.75	99.7	99.56	97.34

由此可见，引气剂的应用是改善和保证混凝土抗冻性最有效的技术手段，可以大大改善混凝土的抗冻融性能。

6.6 基于灰色关联的力学性能影响分析

为了分析不同原料配比对钢渣混凝土力学性能的影响，本节引入灰色关联概念，对各种影响因素进行关联度分析。

6.6.1 灰色关联计算步骤

灰色系统理论（Grey Theory）是研究一个包含多种因素的系统中哪些因素影响大，哪些因素影响小。

计算步骤如下：

灰色系统理论主要通过有限数据寻找未知系统联系，作为一种多属性决策工具，可在不完全的数据中对各因素数据进行数据计算，寻找随机因素序列的关联性，找到对结果的主要影响因素。本研究中试验数据有限，为了在有限的数据基础上更合理准确地研究影响复合改性标线材料性能的因素，采用灰色关联分析法对试验数据进行分析。

灰色关联分析时，以抗压强度、流动度等性能作为参考序列，各影响因素作为比较序列，首先对参考序列及比较序列进行无量纲化：

$$W_i'(k)=W_i(k)/W_i(1) \quad (k=1, 2, \cdots, 4; i=1, 2, \cdots, 10) \tag{6-1}$$

$$M_j'(k)=M_j(k)/M_j(1) \quad (k=1, 2, \cdots, 4; j=1, 2) \tag{6-2}$$

式中　　$W_i'(k)$，$M_j'(k)$——分别为比较序列与参考序列无量纲化后的序列。

其次在参考序列及比较序列无量纲化后计算灰色关联系数：

$$\lambda_i(k)=\frac{\min_i\min_k\Delta_i(k)+\xi\cdot\max_i\max_k\Delta_i(k)}{\Delta_i(k)+\xi\cdot\max_i\max_k\Delta_i(k)} \tag{6-3}$$

式中　　$\lambda_i(k)$——比较序列 $W_i(k)$ 的第 k 个元素与参考序列 $W_i(k)$ 的第 k 个元素之间的灰色关联系数；

$\Delta_i(k)$——参考序列与比较序列差的绝对值；

$\min_i\min_k\Delta_i(k)$——两极最小差；

$\max_i\max_k\Delta_i(k)$——两极最大差；

ξ——分辨系数，本文取 ξ 为 0.5。

最后得到灰色关联度：

$$\lambda_i=\frac{1}{n}\sum_{k=1}^{n}\lambda_i(k),(k=1,2,\cdots,4;i=1,2,\cdots,10) \tag{6-4}$$

式中　　λ_i——比较序列 W_i 与参考序列 M_j 的灰色关联度。

6.6.2　各因素灰色关联分析

计算时以第 6 章的钢渣混凝土的各影响因素为子序列，将计算结果为母序列，计算安排与相关参数见表 6-10～表 6-12。

表 6-10　计算安排与相关参数

序号	子序列						
	水（kg）	水泥（kg）	粉煤灰（kg）	细钢渣（kg）	河沙（kg）	粗钢渣（kg）	减水剂（kg）
1	238	390	140	878	0	1570	15
2	238	390	140	0	878	1570	15
3	200	450	100	800	0	1700	0
4	180	450	100	800	0	1700	25
5	308	550	110	2000	0	1200	0
6	195	550	110	946	0	1758	30
7	180	400	0	1600	0	1200	0
8	180	420	100	0	818	1400	25
9	180	450	100	245	605	1700	30

表 6-11　计算安排与相关参数

X_0—X_1	204.5	206.5	159.4	138.8	261.5	147.6	144.4	141.7	137.4
X_0—X_2	356.5	358.5	409.4	408.8	503.5	502.6	364.4	381.7	407.4
X_0—X_3	106.5	108.5	59.4	58.8	63.5	62.6	35.6	61.7	57.4
X_0—X_4	844.5	31.5	759.4	758.8	1953.5	898.6	1564.4	38.3	202.4
X_0—X_5	33.5	846.5	40.6	41.2	46.5	47.4	35.6	779.7	562.4
X_0—X_6	1536.5	1538.5	1659.4	1658.8	1153.5	1810.6	1164.4	1361.7	1657.4
X_0—X_7	18.5	16.5	40.6	16.2	46.5	17.4	35.6	13.3	12.6
X_0—X_8	11.5	13.5	0.6	8.5	0.1	17.4	9.4	3.7	9.9

表 6-12　灰色关联处理结果

X_1（水）	0.8270	0.8256	0.8598	0.8757	0.7889	0.8688	0.8713	0.8734	0.8768
X_2（水泥）	0.7327	0.7316	0.7047	0.7050	0.6599	0.6603	0.7284	0.7191	0.7057
X_3（粉煤灰）	0.9018	0.9001	0.9428	0.9433	0.9391	0.9399	0.9649	0.9407	0.9446
X_4（细钢渣）	0.5364	0.9689	0.5627	0.5628	0.3334	0.5209	0.3844	0.9624	0.8284
X_5（河沙）	0.9669	0.5358	0.9602	0.9596	0.9547	0.9538	0.9649	0.5562	0.6347
X_6（粗钢渣）	0.3887	0.3884	0.3706	0.3706	0.4586	0.3505	0.4562	0.4177	0.3708
X_7（减水剂）	0.9815	0.9835	0.9602	0.9838	0.9547	0.9826	0.9649	0.9867	0.9874
X_8（水胶比）	0.9885	0.9865	0.9995	0.9915	1	0.9826	0.9906	0.9963	0.9901

由灰色关联处理结果可知，钢渣混凝土抗压强度最大影响因素为粉煤灰及水的含量，通过分析可知，各影响因素从大到小的顺序为粉煤灰、水、河砂、水泥、细钢渣、粗钢渣。由分析可知，钢渣的掺入量对于钢渣混凝土抗压强度影响不大，影响最大的还是水胶比及减水剂的比例。这是因为水对于水泥的和易性影响较大，同时钢渣混凝土的性能受到水和其他物质的比例影响较大。因此，在工程实践中，应重点调节水分比例，才能对钢渣混凝土的性能有更好的提升。

6.7　基于多元回归的性能影响分析

为了分析不同原料配比对钢渣混凝土力学性能的影响规律，本节引入多元回归分析的概念，通过上节确定的关键影响因素进行回归方程的分析。

6.7.1　多元回归分析计算步骤

回归分析是一种统计学上分析数据的方法，目的在于了解两个或多个变量间是否相关、相关方向与强度，并建立数学模型以便观察特定变量来预测研究者感兴趣的变量。

影响废旧钢渣混凝土力学性能的因素包括粉煤灰及水含量，为探究各用料的含量和比例对废旧钢渣混凝土性能的影响，根据灰色关联分析得出的结果，通过多元回归分析的方法，使用 SPSS 软件对结果进行分析处理，最后得出粉煤灰及水含量影响最大因素之间的线性关系，以此来得出方程，找到粉煤灰及水含量的基本方程，同时可以判断影响结果是否显著。建立多元回归模型：

$$f_1 = \beta_0 + \beta_1 x_1 + \beta_2 x_2 \tag{6-5}$$

$$f_2 = \beta_0' + \beta_1' x_1' + \beta_2' x_2' \tag{6-6}$$

式中　$x_i(i=1,\ 2)$——选取的影响因素；

　　　$\beta_i(i=1,\ 2,\ 3)$——相应的系数。

在上述两个式子中，粉煤灰及水含量分别作为因变量 f_1 和 f_2，x_1、x_2、x_1' 和 x_2' 是根据灰色关联分析的结果从粉煤灰、水、河砂、水泥、细钢渣、粗钢渣中找到的两个最大影响因素作为自变量，通过线性回归和指标的检测，确定对抗压强度及密度具有明显影响作用的指标，在此基础上研究各项指标之间的数量关系，并进一步确定回归方程进行预测及分析。

6.7.2　各因素多元回归分析

为研究各因素对抗压强度的影响，使用数理统计软件 SPSS 对实验数据进行分析，使用多元回归分析的方法得到变量的输入和输入变量与抗压强度的相关性见表 6-13 和表 6-14。

表 6-13　已输入/除去变量

模型	已输入变量	已除去变量	方法
1	粉煤灰，水（kg）	—	输入

表 6-14　抗压强度显著性水平表

模型		平方和	自由度	均方	F	显著性
1	回归	2.697	2	1.349	0.034	0.967
	残差	238.752	6	39.792	—	—
	总计	241.449	8	—	—	—

由表 6-13 可知，各影响因素中输入变量为粉煤灰和水，这说明粉煤灰和水的含量变化对于抗压强度影响因素最大，且呈现某种比例关系；由表 6-14 抗压强度显著性水平表可知，这两种因素显著性差值较小，不确定性较小，可靠度较高，与抗压强度相关性很强，是影响抗压强度变化的重要因素。

基于此，可得到抗压强度系数表，见表 6-15。

表 6-15　抗压强度系数表

模型		非标准化系数		标准系数	t	显著性
		B	标准错误	贝塔		
1	（常量）	37.411	11.076	—	3.378	0.015
	水（kg）	0.015	0.057	0.116	0.259	0.804
	粉煤灰	−0.008	0.060	−0.061	−0.136	0.896

由表 6-15 可知，由系数表得到多元回归分析后得出的方程为：$f_1 = 37.411 + 0.015x_1 - 0.008x_2$，从回归方程可知，钢渣水泥材料抗压强度与粉煤灰含量、水含量的线性相关系数为 $R^2 = 0.856$，说明线性相关性较好，采用多元回归分析的方法拟合这两种因素对于抗压强度的影响较准确。

由直方图和正态概率图（图 6-1 和图 6-2）可知，条形图沿中线分布较对称，且中线附近数据较多，能够表示粉煤灰含量及水含量对钢渣混凝土抗压强度的影响，正态分布曲线能够很好地拟合数据。同时在标准回归标准化残差的标准 P-P 图中点与直线偏差较小，因此多元回归方法进行拟合的数据准确度较高，结果可信度较高，且得出的粉煤灰含量及水含量对于抗压强度的影响因素最大的结论是准确的。

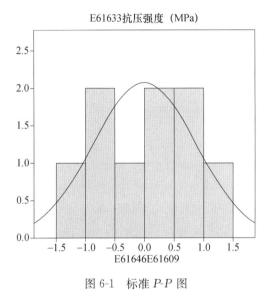

图 6-1　标准 P-P 图　　　　　　　图 6-2　正态直方图

6.8　本章小结

基于灰色关联和多元回归分析的方法，对废弃钢渣混凝土力学性能进行了试验研究，确定了各因素对于钢渣混凝土性能的影响及存在的函数关系式，本章总结如下：

（1）对钢渣混凝土力学性能进行了几项指标的处理及分析，探究了用水量、骨料级配、掺和料及含气量钢渣混凝土力学性能的影响规律。

（2）基于灰关联理论，探究各因素对钢渣混凝土力学性能影响规律。各因素对于钢渣混凝土力学性能的影响大小顺序为粉煤灰、水、河砂、水泥、细钢渣、粗钢渣。

（3）基于多元回归分析理论，对钢渣混凝土力学性能的影响进行了探究，使用 SPSS 软件对结果进行分析处理，最后得出粉煤灰及水含量影响最大因素之间的线性关系：$f_1 = 37.411 + 0.015x_1 - 0.008x_2$，从回归方程可知，钢渣水泥材料抗压强度与粉煤灰含量、水含量的线性相关系数为 $R^2 = 0.856$，说明线性相关性较好，采用多元回归分析的方法拟合这两种因素对于抗压强度的影响较准确。

7 钢渣水泥

7.1 原材料性能指标

7.1.1 试验原料

主要原料为昌祥水泥厂生产的 42.5 熟料、二水石膏、矿渣、炉渣。各原料的化学组成：激发剂为碱性复合激发剂 a（实验室自制）、钠型激发剂 b（主要成分为钠盐的工业废渣）和硫酸盐激发剂 c［主要成分为 $Al_2(SO_4)_3$ 的工业废渣］。

7.1.2 试验方法

（1）水泥细度测定按《水泥细度检验方法 筛析法》（GB/T 1345—2005）进行，水泥标准稠度用水量和凝结时间测定按《水泥标准稠度用水量、凝结时间、安定性检验方法》（GB/T 1346—2011）进行，水泥胶砂强度试验按《水泥胶砂强度检验方法（ISO 法）》（GB/T 177—1999）进行。

（2）水泥净浆试样成型用水量以同等标准稠度为原则。水化产物通过德国普鲁克公司生产的 D8-Advance 型 X 射线衍射仪分析，其形貌和水泥石的微观结构用日立 S-2500 型扫描电子显微镜观察。

7.2 钢渣水泥性能检测试验

7.2.1 概述

结合昌祥水泥厂生产实际情况，本着为企业节约生产成本、扩大利润及道路专用水泥相关产品的研发，自 2016 年 3 月中旬至今，完成了主要试验计划，并取得了可靠数据，实现了在水泥中大比例掺入钢渣微粉，减少了 42.5 强度等级水泥配比中熟料掺入比例，达到了降低生产成本的目的。同时，对水泥掺料的性能也有了部分了解，为道路专用水泥或低强度等级水泥的使用奠定了基础。本次试验根据强度结果共进行了 38 组水泥配比试验，试验包括从原材料磨成水泥、细度检测、抗压抗折试件制作、不同龄期强度检测、材料化学分析、标准稠度、标准稠度用水量、安定性和干缩物理检测。

7.2.2 水泥磨制及细度检测

1. 水泥磨制

水泥[98]主要原料为熟料，再加入石膏、矿渣、炉渣和粉煤灰等活性或非活性材料，根据生产水泥性质按一定比例掺配磨制而成。在产品大规模生产前需在实验室进行小磨试磨，并做相关的指标检测。为保证小磨磨制水泥指标，先将部分大颗粒状材料破碎成小颗粒状，减少小磨磨制时间及保护小磨使用寿命。本次水泥试验材料如图7-1~图7-7所示。

图 7-1　破碎后的熟料

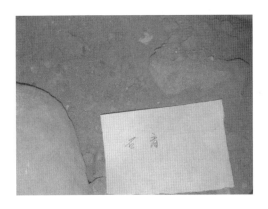

图 7-2　石膏

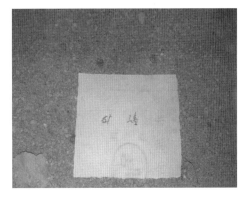

图 7-3　矿渣

图 7-4　钢渣

图 7-5　破碎

图 7-6　配比称量　　　　　　　　　　图 7-7　小磨试磨

2. 细度检测

在小磨试磨完成后，先将小磨水泥试样过 2mm 筛，将未完全磨碎的颗粒去除，再将水泥试样装防潮袋封存，供后期试验使用。在小磨水泥试样制得后，先要做细度检测[99]。细度指标是检验水泥质量的首要指标，对水泥强度、使用性能均有较大影响。水泥颗粒越细，其总表面积越大，与水接触的面积也将增大，所以水化反应的速度将会大大提高，凝结硬化也相应地增快，早期强度也高。从这些方面来说，水泥颗粒越细越好。但水泥颗粒过细，将会增加磨细的成本，而且不宜久存，过细水泥会产生瞬凝，造成工程无法继续施工。因此，水泥细度规范值不得大于 10%，采用负压筛进行细度检测，检测时负压筛压强为 40~60MPa。本次水泥试验配比细度检测结果见表 7-1及图 7-8~图 7-14。

表 7-1　水泥试验配比细度检测

配比	熟料	F0-1	F1-1	F1-2	F1-3	F1-4	F2-1	F2-2	F2-3
细度（%）	5.2	3.6	6.8	7.2	7.6	11.6	6.4	6.8	6.4
配比	F2-4	K0-1	K1-1	K1-2	K1-3	K1-4	K2-1	K2-2	K2-3
细度（%）	8	8.4	9.2	12.4	18.4	22.8	9.2	13.2	20
配比	K2-4	G0-1	G1-1	G1-2	G1-3	G1-4	G2-1	G2-2	G2-3
细度（%）	17.2	6.8	6	6	7.2	4.4	4.8	12.4	5.2
配比	G2-4	H-1	H-2	H-3	H-4	H-5	H-6	H-7	H-8
细度（%）	3.2	4	2.8	3.4	3.2	3.6	4.4	3.6	3.6
配比	X-4	X-5	X-6						
细度（%）	4	4	3.6						

在所有水泥小样磨制过程中，除熟料外所有配比磨制时间均为 40min。从图 7-8 至图 7-11 可看出，部分水泥样品细度超出规范值，总结分析有三方面因素：

（1）小磨一天最多磨制 4 种配比水泥小样，且小磨随使用时间的增长，在磨机中钢球和钢段因物理破碎会产生大量热量，使钢球和钢段自身硬度降低，致使一天中磨制到最后配比时细度会增大；

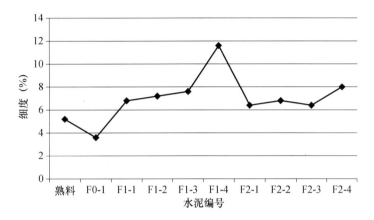

图 7-8　添加粉煤灰水泥细度

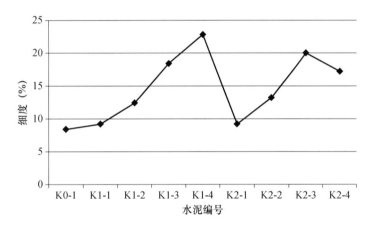

图 7-9　添加矿渣水泥细度

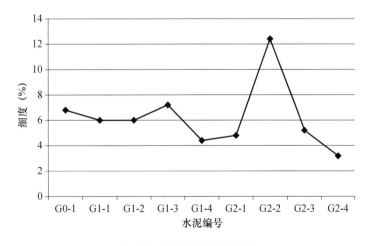

图 7-10　添加炉渣水泥细度

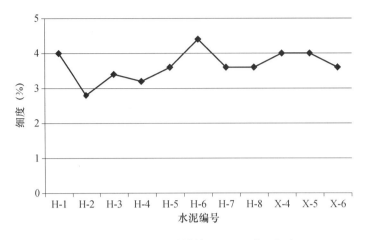

图 7-11　添加矿渣、粉煤灰及 32.5 水泥细度

图 7-12　分样保存

图 7-13　负压筛细度检测

图 7-14　部分筛余结果

（2）负压筛在长时间使用后筛网和机器内部滤网需要彻底清灰，在细度监测中未及时清理也会导致检测出的细度偏大。同时，筛网在长时间使用后部分筛孔堵塞，需用配制的醋酸溶液清洗，若不及时处理同样会影响细度检测结果。

（3）所掺混合料中矿渣和钢渣自身硬度比较大，同时加入熟料中增加了磨细难度，加之（1）和（2）的因素，可看出图 7-9 掺入矿渣水泥试样细度检测结果有 2/3 都超出规范值。在总结上述原因并进行处理后，后期水泥试验细度明显转好，且波动性很小，均符合规范值，检测结果如图 7-11 所示。

7.2.3　强度试验检测

1. 强度试件成型

水泥强度试件成型[100]是以水灰比 1∶2 加 1350g 的标准砂拌制而成，成型室温度保持在（20±2）℃，相对湿度大于 50％。在搅拌锅内拌和后立即在振动台上分两次填装振实，每次振动 60s，最后放入标准养护箱养护 24h，养护箱温度保持在（20±1）℃，相对湿度大于 90％。次日达到 24h 养护时间后拆模，并做好标记放入水槽中养护，水槽中水温控制在（20±1）℃，待到相应龄期后取出做强度检测。本次试验总共成型 156个试模，在水泥胶砂拌和后，立即做流动度检测，为水泥标准稠度用水量、安定性和凝结时间的制件提供参考（图 7-15～图 7-21）。

图 7-15　称量

图 7-16　搅拌

图 7-17　流动度振动

图 7-18　流动度测量

图 7-19　成型

图 7-20　养护箱养护

图 7-21　拆模后水槽的养护

2. 强度检测

熟料是水泥产品中的主要材料，决定了水泥产品的等级、使用范围和性能，因此在对水泥试样进行强度分析前，首先对熟料的强度性能进行分析[101]。本次水泥试验所用熟料为青松生产，共进行了 2 组强度检测。第一组抗压强度：1d 33.8MPa，7d 27.9MPa，28d 50MPa；第二组抗压强度：1d 36MPa，7d 34MPa，28d 51.2MPa。

根据熟料强度结果，青松熟料质量优良，可用于此次水泥配比磨制并进行强度检验。本次对 38 组配比分别进行了 1d（快速养生）、3d 和 28d 的抗压抗折强度检测，同时通过 1d、3d 强度对 28d 的抗压强度进行了预测分析，以加快试验进度。不同龄期试验结果见表 7-2。

F0-1～F1-4 熟料掺量为 70%，F2-1～F2-4 熟料掺量为 65%，从图 7-22 强度变化趋势可看出，随着熟料掺量的减少，各相应龄期强度呈下降趋势。根据活性剂掺入量在 0.5%～1%，个别龄期强度会有所提高，1d、3d 和 28d 强度并不是同方向变化。同时，活性剂掺入量大于 1% 后，会使强度降低。根据 28d 实测强度来看，添加活性剂掺入量在 0.5% 最佳。

表 7-2 42.5 强度等级水泥强度结果

配比	1d 强度（MPa）		3d 强度（MPa）		1d 预测28d 强度（MPa）	3d 预测28d 强度（MPa）	28d 实际强度（MPa）	
	抗折	抗压	抗折	抗压	抗压	抗压	抗折	抗压
F0-1	4.8	30.4	5.7	26.9	51.792	51.367	7.7	45.5
F1-1	5.1	30.7	5.5	27.5	52.071	51.985	7.4	50.5
F1-2	5.8	33.5	5	26.8	54.675	51.264	7.5	49.1
F1-3	5.1	31	4.8	25.1	52.35	49.513	6.9	48.1
F1-4	4.9	31.9	4.9	25.5	53.187	49.925	7.1	48.2
F2-1	5	28	5	25.2	49.56	49.616	7.0	47.8
F2-2	5.8	30.1	4.8	25.4	51.513	49.822	7.0	45.4
F2-3	5.2	28.3	4.3	22.7	49.839	47.041	6.9	42.7
F2-4	5.2	26.9	3.3	17.1	48.537	41.273	7.0	42.2
XF2-4	5.3	27.7	3.3	15.2	41.273	39.316	7.4	43.4
K0-1	5.5	31.2	5.1	26.9	52.536	51.367	7.4	44.9
K1-1	5.1	31.5	5.1	26.2	52.815	50.646	7.3	48.4
K1-2	5.3	31.2	4.7	25.5	52.536	49.925	7.6	49.7
K1-3	4.7	30.4	4.2	21.6	51.792	45.908	7.2	49.3
K1-4	5.2	29.4	4.1	21.5	50.862	45.805	无效	44.1
K2-1	5.7	29	4.8	24.6	50.49	48.998	7.7	46.3
K2-2	5.2	28.1	4.9	23.6	49.653	47.968	7.1	48.4
K2-3	5.1	27.1	3.8	18.3	48.723	42.509	7.9	45.1
K2-4	5	27.8	3.8	19.2	49.374	43.436	7.2	44.9
G0-1	5	29.9	5.3	27.6	51.327	52.088	7.3	48.5
G1-1	5	30.5	5.2	28.7	51.885	53.221	7.8	48.8
G1-2	5.5	30.5	5.2	26.9	51.885	51.367	7.3	44.6
G1-3	4.8	29.9	5	24.5	51.327	48.895	7.6	49.5
G1-4	5.1	29.4	4.4	19.9	50.862	44.157	7.5	47.2
G2-1	4.9	27	5	25.1	48.63	49.513	7.1	44.6
G2-2	4.9	27.9	4.9	24.2	49.467	48.586	7.4	47.1
G2-3	5.4	28.8	4.2	20.6	50.304	44.878	7.6	48.2
G2-4	5.7	28.5	无效	无效	无效	无效	7.2	42.7
H-1	5.2	28.2	4.5	22.5	49.746	46.835	7.4	46.2
H-2	5.2	30.4	4.9	24.3	51.792	48.689	7.4	46.8
H-3	5	27	4.6	23.4	48.63	47.762	7.4	44.1
H-4	5.4	27.1	4.7	24.1	48.723	48.483	7.3	46.8
H-5	6	27.3	4.9	23.9	48.909	48.277	7.4	47.1
H-6	4.8	28	4.7	23.5	49.56	47.865	7.6	47.0
H-7	4.8	27.7	4.6	24.2	49.281	48.586	7.1	46.2
H-8	5.5	27.3	4.3	23.4	48.909	47.762	7.4	47.4

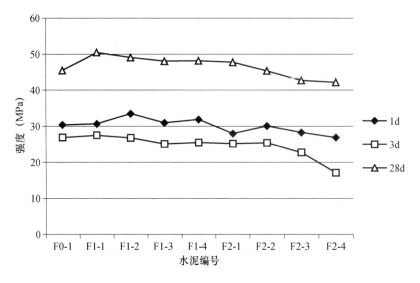

图 7-22　添加粉煤灰水泥强度

图 7-23 反映的是添加矿渣水泥强度变化趋势，根据图上后半段 K2-1～K2-4 强度变化趋势，可发现 3d 和 28d 强度变化趋势很接近，说明强度形成机理与材料性质各龄期相同。在前半段 K0-1～K1-4 当活性剂掺入量大于 1％之后强度也在降低，根据 28d 实测强度来看，矿渣水泥添加活性剂掺入量在 1％最佳。

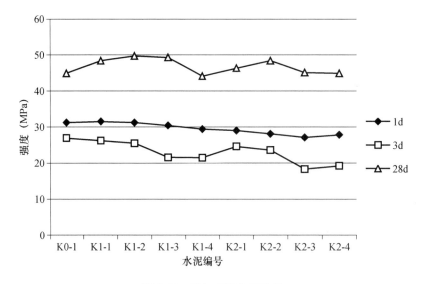

图 7-23　添加矿渣水泥强度

图 7-24 所示为添加炉渣水泥强度变化趋势，从图中看到掺（G1-1）与不掺（G0-1）活性剂在各龄期强度上均没有很大差别，且从 3d 强度来看活性剂掺量越大强度越低。同时，掺入炉渣的水泥在拌和后根据流动度检测结果显示相同水灰比较其他水泥偏干，说明在实际应用中需加大用水量。

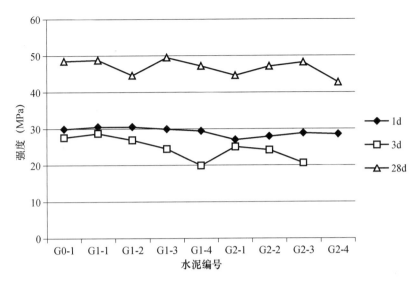

图 7-24　添加炉渣水泥强度

H-1～H-8 熟料掺量均为 65%，区别仅在于粉煤灰和矿渣掺量上的微小差异，从图 7-25 各龄期强度结果来看，各配比不同龄期波动不大，差异很小，这也反映了水泥的稳定性。

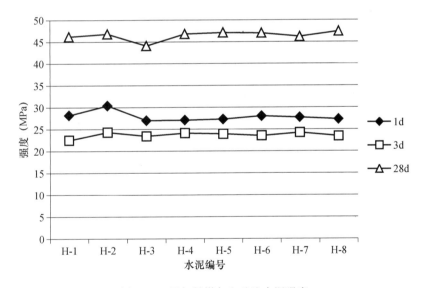

图 7-25　添加粉煤灰和矿渣水泥强度

抗折检测指标均表现良好，在此不做分析。

通过试验结果，发现掺入一定比例的活性剂可增强水泥强度，但活性剂增加太多会使水泥强度降低。在所有不同龄期强度检测中，各配比水泥均达到规范要求，但除达到规范要求外，还应有足够的富余强度，以满足实际应用的需要，根据新疆昌祥水泥责任有限公司对 42.5 强度等级水泥的要求，3d 强度达到 25～28MPa，28d 强度达到

48～50MPa。从强度检测结果来看，强度能达到这一要求的仅有几组配比，在实际生产时还需根据进料质量情况做相应调整（图 7-26～图 7-29）。

图 7-26　快速养护

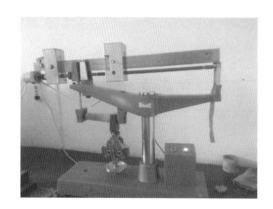

图 7-27　抗折

图 7-28　抗压

图 7-29　抗压后留样

7.2.4 干缩检测

水泥浆体在凝结硬化过程中，由于水分蒸发和环境因素的影响，将产生一定量的干缩变形。当干缩变形严重时水泥浆体会产生网裂、龟裂，以后会进一步发展为结构裂缝[102]。这样会破坏水泥混凝土结构的整体性，阻碍应力传递和应力的合理分布，降低了混凝土强度和抗裂能力，同时在裂缝处侵入雨水或其他液体，易造成水泥结构的腐蚀。在气候寒冷时，加剧冻融循环的破坏，严重降低水泥结构物的耐久性和强度。

影响水泥干缩的主要因素是水泥的矿物成分和水泥细度。在水泥熟料中，以 C_3A 干缩性最大，它会加快水泥硬化时提及的收缩过程，以 C_4AF 的收缩性最小，因此抗裂性也最好。水泥细度增大，水化充分，强度提高，但为保持施工和易性，需加入更多的水，导致硬化水泥中残余水分增加，此水分蒸发后使水泥结构内部孔隙增多，加大了水泥的干缩程度。由于受新疆昌祥水泥责任有限公司试样条件的限制，并没有规范要求的专用水泥干缩试验检测仪器。因此，本次干缩试验根据 42.5 强度等级水泥 28d 强度结果选取 20 组水泥试样进行检测，按强度试件规格每组成型 3 个试件，用数显游标卡尺分别记录每个试件在相应龄期的长度变化，检测数据见表 7-3～表 7-7。

表 7-3　初始长度　　　　　　　　　　　　　　　　　mm

配比	F0-1			F1-1		
编号	1	2	3	1	2	3
测量值	159.73	159.66	159.71	160.17	160.18	160.17
	159.7	159.64	159.63	160.04	160.1	160.08
	159.73	159.65	159.63	160.11	160.16	160.17
	159.71	159.62	159.7	160.12	160.18	160.18
平均值	159.7175	159.6425	159.6675	160.11	160.155	160.15
配比	F1-2			F1-3		
编号	1	2	3	1	2	3
测量值	160.1	160.18	160.08	159.72	159.67	159.68
	160.06	160.14	160.03	159.7	159.64	159.62
	160.12	160.17	160.02	159.73	159.63	159.65
	160	160.11	160	159.69	159.62	159.66
平均值	160.07	160.15	160.0325	159.71	159.64	159.6525
配比	F1-4			F2-1		
编号	1	2	3	1	2	3
测量值	160.03	159.97	160.04	159.95	159.9	159.94
	160.04	160.02	160.09	159.94	159.94	160.07
	159.97	160.04	160.09	160.01	159.93	159.97
	159.99	159.97	160.05	159.96	159.89	159.97
平均值	160.0075	160	160.0675	159.965	159.915	159.9875

配比	F2-2			K0-1		
编号	1	2	3	1	2	3
测量值	160.03	160.05	160.07	159.61	159.64	159.84
	160.01	159.95	160.04	159.59	159.67	159.76
	160.12	160	160.09	159.63	159.73	159.73
	160.14	160.03	160.13	159.7	159.7	159.78
平均值	160.075	160.0075	160.0825	159.6325	159.685	159.7775
配比	K1-1			K1-2		
编号	1	2	3	1	2	3
测量值	160.08	160.08	160.07	160.12	160.13	160.09
	160.09	160.06	160.12	160.14	160.12	160.1
	160.06	160.06	160.13	160.16	160.11	160.1
	160.02	160.01	160.11	160.13	160.08	160.05
平均值	160.0625	160.0525	160.1075	160.1375	160.11	160.085
配比	K2-1			K2-2		
编号	1	2	3	1	2	3
测量值	159.98	159.98	160.03	160.11	160.02	160.02
	159.95	159.89	159.98	159.98	159.9	159.97
	159.97	159.98	160.06	160.06	160	160.09
	159.98	159.98	160.06	160.11	159.99	160.09
平均值	159.97	159.9575	160.0325	160.065	159.9775	160.0425
配比	G0-1			G1-1		
编号	1	2	3	1	2	3
测量值	159.98	159.95	160.02	160.01	159.98	160.01
	159.91	159.8	159.86	159.92	159.96	159.99
	160.03	159.95	159.96	159.98	160.02	160.07
	160.05	159.97	160	160.02	159.97	160.07
平均值	159.9925	159.9175	159.96	159.9825	159.9825	160.035
配比	G1-2			G1-3		
编号	1	2	3	1	2	3
测量值	160.11	160.07	160.07	160.1	160.04	160.05
	160.12	160.07	160.07	160.12	160.03	160.03
	160.09	160.07	160.08	160.11	160.07	160.1
	160.06	160.07	160.05	160.09	160.02	160.08
平均值	160.095	160.07	160.0675	160.105	160.04	160.065

配比	G2-1			G2-2		
编号	1	2	3	1	2	3
测量值	159.74	159.83	159.65	159.96	159.96	159.88
	159.58	159.73	159.55	159.94	159.94	159.94
	159.74	159.86	159.61	159.93	159.92	159.94
	159.64	159.81	159.61	159.93	159.88	159.9
平均值	159.675	159.8075	159.605	159.94	159.925	159.915
配比	H-2			H-7		
编号	1	2	3	1	2	3
测量值	159.85	159.78	159.84	160.1	160.1	160.08
	159.75	159.81	159.86	160.03	160.01	160.05
	159.83	159.82	159.89	160.07	160.12	160.09
	159.84	159.81	159.88	160.11	160.07	160.1
平均值	159.8175	159.805	159.8675	160.0775	160.075	160.08

表 7-4 7d 测量长度   mm

配比	F0-1			F1-1		
编号	1	2	3	1	2	3
测量值	159.66	159.61	159.66	160.12	160.12	160.14
	159.68	159.61	159.64	160.03	160.07	160.05
	159.66	159.63	159.67	160.1	160.15	160.15
	159.7	159.6	159.7	160.12	160.17	160.17
平均值	159.675	159.6125	159.6675	160.0925	160.1275	160.1275
配比	F1-2			F1-3		
编号	1	2	3	1	2	3
测量值	159.99	160.11	160.04	159.65	159.66	159.65
	160.04	160.13	159.99	159.68	159.61	159.62
	160	160.03	160	159.7	159.62	159.64
	159.95	160.08	159.98	159.69	159.61	159.62
平均值	159.995	160.0875	160.0025	159.68	159.625	159.6325
配比	F1-4			F2-1		
编号	1	2	3	1	2	3
测量值	160.01	159.97	160.01	159.88	159.86	159.88
	160.01	160.02	160.08	159.91	159.89	159.94
	159.97	160.01	160.06	159.95	159.86	159.92
	159.98	159.96	160.05	159.93	159.83	159.89
平均值	159.9925	159.99	160.05	159.9175	159.86	159.9075

续表

配比	F2-2			K0-1		
编号	1	2	3	1	2	3
测量值	160.01	160	160.03	159.59	159.6	159.82
	159.99	159.9	160.01	159.55	159.63	159.74
	160.11	159.99	160.08	159.62	159.72	159.71
	160.13	159.99	160.12	159.6	159.66	159.77
平均值	160.06	159.97	160.06	159.59	159.6525	159.76
配比	K1-1			K1-2		
编号	1	2	3	1	2	3
测量值	160.07	160.07	160.05	160.08	160.09	160.09
	160.05	160.04	160.1	160.14	160.09	160.08
	160.06	160.04	160.13	160.15	160.09	160.09
	160	160	160.09	160.1	160.05	160.03
平均值	160.045	160.0375	160.0925	160.1175	160.08	160.0725
配比	K2-1			K2-2		
编号	1	2	3	1	2	3
测量值	159.95	159.97	160.01	160.06	159.99	159.98
	159.93	159.87	159.97	159.92	159.86	159.94
	159.97	159.96	160.05	160.01	159.97	160.04
	159.98	159.96	160.05	160.05	159.99	160.09
平均值	159.9575	159.94	160.02	160.01	159.9525	160.0125
配比	G0-1			G1-1		
编号	1	2	3	1	2	3
测量值	159.98	159.94	160.01	160	159.95	160
	159.9	159.8	159.85	159.91	159.86	159.99
	160.02	159.95	159.95	159.98	159.97	160.04
	160.05	159.97	159.99	159.99	159.97	160.06
平均值	159.9875	159.915	159.95	159.97	159.9375	160.0225
配比	G1-2			G1-3		
编号	1	2	3	1	2	3
测量值	160.09	160.06	160.05	160.07	160.02	160.03
	160.11	160.06	160.05	160.07	160.02	160.02
	160.08	160.05	160.07	160.05	160.02	160.09
	160.06	160.05	160.02	160.03	160.01	160.04
平均值	160.085	160.055	160.0475	160.055	160.0175	160.045

配比	G2-1			G2-2		
编号	1	2	3	1	2	3
测量值	159.68	159.78	159.59	159.93	159.85	159.83
	159.56	159.71	159.54	159.9	159.84	159.89
	159.61	159.75	159.61	159.89	159.89	159.92
	159.62	159.78	159.59	159.91	159.83	159.9
平均值	159.6175	159.755	159.5825	159.9075	159.8525	159.885
配比	H-2			H-7		
编号	1	2	3	1	2	3
测量值	159.79	159.77	159.82	160.09	160.02	160.05
	159.74	159.75	159.84	160.02	160	160.04
	159.79	159.79	159.86	160.05	160.1	160.09
	159.78	159.77	159.86	160.09	160.06	160.09
平均值	159.775	159.77	159.845	160.0625	160.045	160.0675

表 7-5　14d 测量长度　　　　　　　　　　　　　　　　　　　　mm

配比	F0-1			F1-1		
编号	1	2	3	1	2	3
测量值	159.64	159.61	159.67	160.09	160.09	160.13
	159.68	159.58	159.6	160.02	160.06	160.04
	159.7	159.63	159.62	160.09	160.15	160.1
	159.66	159.6	159.65	160.1	160.15	160.14
平均值	159.67	159.605	159.635	160.075	160.1125	160.1025
配比	F1-2			F1-3		
编号	1	2	3	1	2	3
测量值	159.98	160.09	159.94	159.65	159.61	159.6
	160	160.12	159.98	159.66	159.57	159.57
	159.99	160.03	159.98	159.66	159.6	159.62
	159.93	160.03	159.96	159.67	159.57	159.61
平均值	159.975	160.0675	159.965	159.66	159.5875	159.6
配比	F1-4			F2-1		
编号	1	2	3	1	2	3
测量值	159.98	159.94	159.97	159.85	159.81	159.85
	159.95	159.99	160.07	159.91	159.85	159.86
	159.94	159.98	160.06	159.92	159.84	159.89
	159.96	159.96	160.03	159.91	159.8	159.88
平均值	159.9575	159.9675	160.0325	159.8975	159.825	159.87

续表

配比	F2-2			K0-1		
编号	1	2	3	1	2	3
测量值	159.98	159.98	160.02	159.55	159.58	159.75
	159.98	159.9	159.97	159.55	159.59	159.71
	160.08	159.95	160.01	159.59	159.69	159.68
	160.09	159.98	160.09	159.59	159.64	159.76
平均值	160.0325	159.9525	160.0225	159.57	159.625	159.725
配比	K1-1			K1-2		
编号	1	2	3	1	2	3
测量值	160.02	159.97	160	160.06	160.06	160.04
	160.02	160.04	160.07	160.13	160.06	160.03
	160.03	160.02	160.1	160.13	160.08	160.05
	159.97	159.99	160.07	160.09	160.02	160.02
平均值	160.01	160.005	160.06	160.1025	160.055	160.035
配比	K2-1			K2-2		
编号	1	2	3	1	2	3
测量值	159.92	159.93	159.97	160.02	159.92	159.97
	159.92	159.87	159.97	159.9	159.83	159.92
	159.96	159.94	160	160.01	159.95	160.1
	159.95	159.93	160.02	160.05	159.95	160.05
平均值	159.9375	159.9175	159.99	159.995	159.9125	160.01
配比	G0-1			G1-1		
编号	1	2	3	1	2	3
测量值	159.95	159.92	159.99	159.96	159.92	159.97
	159.86	159.78	159.84	159.86	159.84	159.97
	159.99	159.93	159.94	159.95	159.95	160.04
	160.02	159.92	159.98	159.97	159.95	160.05
平均值	159.955	159.8875	159.9375	159.935	159.915	160.0075
配比	G1-2			G1-3		
编号	1	2	3	1	2	3
测量值	160.08	160.02	160	160.04	160	159.99
	160.08	160.01	160.05	160.06	159.98	159.97
	160.06	160.04	160.07	160.05	160.02	160.07
	160.05	160.01	159.99	160.02	159.98	160.03
平均值	160.0675	160.02	160.0275	160.0425	159.995	160.015

配比	G2-1			G2-2		
编号	1	2	3	1	2	3
测量值	159.59	159.77	159.57	159.9	159.81	159.82
	159.54	159.68	159.52	159.88	159.82	159.88
	159.6	159.72	159.6	159.88	159.86	159.88
	159.59	159.76	159.59	159.89	159.82	159.88
平均值	159.58	159.7325	159.57	159.8875	159.8275	159.865
配比	H-2			H-7		
编号	1	2	3	1	2	3
测量值	159.74	159.75	159.8	160.03	160.01	160.02
	159.71	159.73	159.83	159.99	159.97	160.01
	159.76	159.79	159.84	160.03	160.02	160.06
	159.75	159.77	159.84	160.05	160.04	160.06
平均值	159.74	159.76	159.8275	160.025	160.01	160.0375

表 7-6 21d 测量长度   mm

配比	F0-1			F1-1		
编号	1	2	3	1	2	3
测量值	159.57	159.57	159.66	160.06	160.08	160.1
	159.65	159.54	159.59	160	160.04	160.01
	159.65	159.57	159.58	160.06	160.11	160.09
	159.63	159.57	159.61	160.07	160.12	160.11
平均值	159.625	159.5625	159.61	160.0475	160.0875	160.0775
配比	F1-2			F1-3		
编号	1	2	3	1	2	3
测量值	159.97	160.08	159.92	159.59	159.59	159.56
	159.99	160.09	159.94	159.65	159.55	159.55
	159.99	160	159.96	159.62	159.6	159.59
	159.91	159.99	159.95	159.64	159.54	159.61
平均值	159.965	160.04	159.9425	159.625	159.57	159.5775
配比	F1-4			F2-1		
编号	1	2	3	1	2	3
测量值	159.92	159.88	159.93	159.84	159.81	159.79
	159.92	159.93	160.02	159.89	159.84	159.82
	159.9	159.95	160.01	159.9	159.8	159.83
	159.91	159.89	159.99	159.88	159.8	159.81
平均值	159.9125	159.9125	159.9875	159.8775	159.8125	159.8125

续表

配比	F2-2			K0-1		
编号	1	2	3	1	2	3
测量值	159.94	159.93	159.96	159.51	159.53	159.7
	159.96	159.85	159.95	159.51	159.57	159.67
	160.03	159.92	160.01	159.56	159.64	159.64
	160.03	159.93	160.06	159.56	159.61	159.69
平均值	159.99	159.9075	159.995	159.535	159.5875	159.675
配比	K1-1			K1-2		
编号	1	2	3	1	2	3
测量值	159.97	159.96	159.99	159.99	160	159.99
	159.99	159.98	160.02	160.09	160	159.99
	160	159.98	160.05	160.09	160.02	160.01
	159.95	159.95	160.06	160.04	160	159.98
平均值	159.9775	159.9675	160.03	160.0525	160.005	159.9925
配比	K2-1			K2-2		
编号	1	2	3	1	2	3
测量值	159.87	159.86	159.9	159.96	159.86	159.91
	159.87	159.82	159.91	159.85	159.75	159.86
	159.89	159.87	159.95	159.92	159.91	159.97
	159.91	159.88	159.97	159.97	159.9	160
平均值	159.885	159.8575	159.9325	159.925	159.855	159.935
配比	G0-1			G1-1		
编号	1	2	3	1	2	3
测量值	159.92	159.88	159.96	159.93	159.89	159.93
	159.85	159.75	159.83	159.84	159.82	159.94
	159.96	159.91	159.92	159.91	159.91	160.02
	159.98	159.9	159.96	159.93	159.91	160.02
平均值	159.9275	159.86	159.9175	159.9025	159.8825	159.9775
配比	G1-2			G1-3		
编号	1	2	3	1	2	3
测量值	160.04	160.02	159.96	160.02	159.96	159.95
	160.05	159.99	159.99	160.04	159.94	159.96
	160.03	160	160.05	160.01	159.97	160.04
	160	159.98	159.96	159.98	159.95	159.99
平均值	160.03	159.9975	159.99	160.0125	159.955	159.985

续表

配比	G2-1			G2-2		
编号	1	2	3	1	2	3
测量值	159.55	159.73	159.52	159.85	159.79	159.77
	159.49	159.66	159.48	159.86	159.77	159.85
	159.54	159.65	159.54	159.84	159.81	159.85
	159.53	159.73	159.53	159.83	159.77	159.85
平均值	159.5275	159.6925	159.5175	159.845	159.785	159.83
配比	H-2			H-7		
编号	1	2	3	1	2	3
测量值	159.71	159.68	159.75	160	159.97	159.97
	159.69	159.69	159.79	159.96	159.93	159.97
	159.68	159.72	159.82	159.98	159.99	160.01
	159.68	159.72	159.8	159.99	159.99	160.03
平均值	159.69	159.7025	159.79	159.9825	159.97	159.995

表 7-7 28d 测量长度   mm

配比	F0-1			F1-1		
编号	1	2	3	1	2	3
测量值	159.56	159.52	159.63	160.03	160.06	160.07
	159.62	159.52	159.58	159.97	160.01	160
	159.63	159.55	159.55	160.04	160.08	160.06
	159.62	159.57	159.59	160.06	160.11	160.08
平均值	159.6075	159.54	159.5875	160.025	160.065	160.0525
配比	F1-2			F1-3		
编号	1	2	3	1	2	3
测量值	159.95	160.06	159.9	159.58	159.56	159.55
	159.95	160.09	159.94	159.63	159.53	159.54
	159.95	159.98	159.94	159.62	159.56	159.55
	159.9	159.97	159.93	159.63	159.53	159.55
平均值	159.9375	160.025	159.9275	159.615	159.545	159.5475
配比	F1-4			F2-1		
编号	1	2	3	1	2	3
测量值	159.91	159.87	159.93	159.82	159.78	159.77
	159.93	159.93	160.01	159.87	159.83	159.85
	159.89	159.94	160.01	159.9	159.78	159.82
	159.9	159.88	159.99	159.86	159.76	159.79
平均值	159.9075	159.905	159.985	159.8625	159.7875	159.8075

配比	F2-2			K0-1		
编号	1	2	3	1	2	3
测量值	159.94	159.92	159.94	159.51	159.53	159.7
	159.95	159.83	159.94	159.49	159.57	159.67
	160.03	159.91	160.01	159.55	159.6	159.64
	160.01	159.92	160.02	159.54	159.6	159.69
平均值	159.9825	159.895	159.9775	159.5225	159.575	159.675
配比	K1-1			K1-2		
编号	1	2	3	1	2	3
测量值	159.96	159.94	159.98	159.99	159.98	159.97
	159.99	159.97	160.02	160.08	160	159.99
	160	159.98	160.04	160.08	160.02	160
	159.94	159.94	160.03	160.04	159.99	159.97
平均值	159.9725	159.9575	160.0175	160.0475	159.9975	159.9825
配比	K2-1			K2-2		
编号	1	2	3	1	2	3
测量值	159.85	159.85	159.89	159.97	159.87	159.91
	159.84	159.81	159.89	159.86	159.75	159.87
	159.88	159.86	159.97	159.92	159.91	159.97
	159.89	159.86	159.97	159.97	159.9	159.99
平均值	159.865	159.845	159.93	159.93	159.8575	159.935
配比	G0-1			G1-1		
编号	1	2	3	1	2	3
测量值	159.9	159.87	159.94	159.91	159.87	159.91
	159.83	159.74	159.82	159.82	159.81	159.93
	159.95	159.89	159.91	159.87	159.9	159.99
	159.97	159.88	159.93	159.92	159.88	160.01
平均值	159.9125	159.845	159.9	159.88	159.865	159.96
配比	G1-2			G1-3		
编号	1	2	3	1	2	3
测量值	160.04	159.99	159.96	160.01	159.93	159.93
	160.05	159.98	159.98	160.03	159.93	159.92
	160.02	160	160.03	160.01	159.96	160.01
	159.99	159.97	159.95	159.97	159.94	159.98
平均值	160.025	159.985	159.98	160.005	159.94	159.96

配比	G2-1			G2-2		
编号	1	2	3	1	2	3
测量值	159.53	159.72	159.52	159.85	159.78	159.75
	159.49	159.66	159.46	159.85	159.77	159.84
	159.52	159.64	159.53	159.84	159.81	159.85
	159.52	159.7	159.53	159.83	159.76	159.84
平均值	159.515	159.68	159.51	159.8425	159.78	159.82
配比	H-2			H-7		
编号	1	2	3	1	2	3
测量值	159.7	159.67	159.74	159.99	159.96	159.97
	159.69	159.69	159.79	159.95	159.93	159.97
	159.66	159.72	159.81	159.98	159.99	160
	159.68	159.7	159.79	159.98	159.98	160.02
平均值	159.6825	159.695	159.7825	159.975	159.965	159.99

根据干缩计算公式：

$$S=(1-初始长度/某龄期测量长度)\times100$$

可得到各龄期的干缩值，再以 3 个试件的干缩量取平均值即得到该配比的干缩值，各配比水泥试样干缩值见表 7-8。

表 7-8　水泥试样干缩表

配比	龄期			
	7d	14d	21d	28d
F0-1	1.513E-04	2.453E-04	4.801E-04	6.106E-04
F1-1	1.405E-04	2.602E-04	4.215E-04	5.672E-04
F1-2	3.488E-04	5.101E-04	6.351E-04	7.548E-04
F1-3	1.357E-04	3.236E-04	4.802E-04	6.159E-04
F1-4	8.852E-05	2.448E-04	5.468E-04	5.780E-04
F2-1	3.803E-04	5.731E-04	7.606E-04	8.544E-04
F2-2	1.562E-04	3.280E-04	5.675E-04	6.456E-04
K0-1	1.931E-04	3.653E-04	6.210E-04	6.732E-04
K1-1	9.891E-05	3.072E-04	5.154E-04	5.727E-04
K1-2	1.301E-04	2.915E-04	5.881E-04	6.350E-04
K2-1	8.855E-05	2.396E-04	5.938E-04	6.667E-04
K2-2	2.291E-04	3.489E-04	7.707E-04	7.551E-04
G0-1	3.647E-05	1.875E-04	3.438E-04	4.428E-04
G1-1	1.458E-04	2.969E-04	4.948E-04	6.146E-04
G1-2	9.371E-05	2.447E-04	4.477E-04	5.050E-04
G1-3	1.926E-04	3.280E-04	5.362E-04	6.351E-04
G2-1	2.765E-04	4.279E-04	7.305E-04	7.984E-04

配比	龄期			
	7d	14d	21d	28d
G2-2	2.814E-04	4.169E-04	6.670E-04	7.034E 04
H-2	2.086E-04	3.389E-04	6.413E-04	6.882E-04
H-7	1.197E-04	3.332E-04	5.935E-04	6.299E-04

根据图 7-30～图 7-33 干缩变化规律，干缩发生最大变化是龄期达到 21d，其后干缩变化相应减小，且部分水泥试样在 7～28d 的干缩变化呈线性趋势，后期干缩量应该会下降。根据《道路硅酸盐水泥》（GB 13693—2005）技术标准对干缩率的要求为不大于 0.1％，此次所测水泥试样干缩均小于此值。干缩长度测量，如图 7-34 所示。

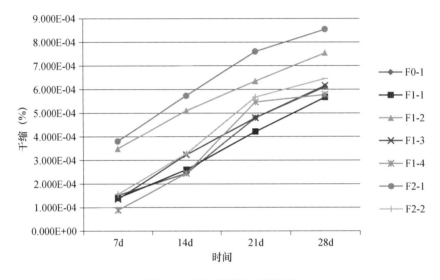

图 7-30　添加粉煤灰水泥干缩

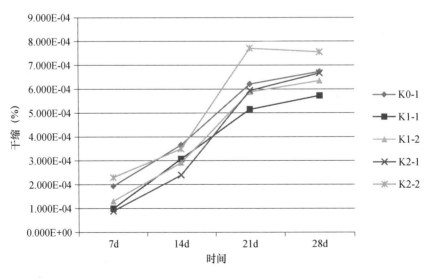

图 7-31　添加矿渣水泥干缩

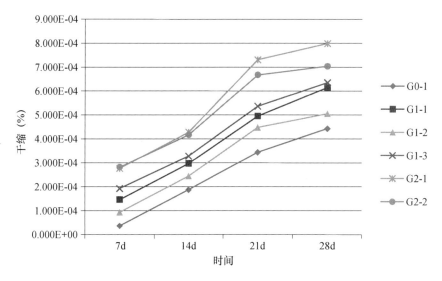

图 7-32　添加炉渣水泥干缩

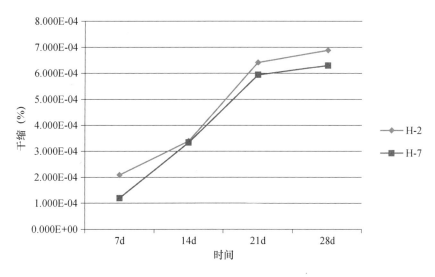

图 7-33　添加粉煤灰、矿渣水泥干缩

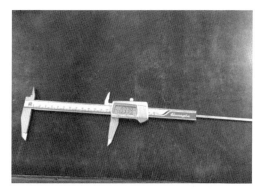

图 7-34　干缩长度测量

7.2.5 标准稠度用水量、凝结时间和安定性检测

1. 标准稠度用水量

标准稠度用水量是水泥需水量指标，所用检测仪器是维卡仪。标准稠度用水量每次所需水泥用量为 500g，根据流动度加适量水拌制成水泥浆并装入试模，当维卡仪试针落入距试模底部（4±1）mm 时，此时加水量即为标准稠度用水量。在搅拌锅内搅拌完毕到装试模完成检测，所用时间不得大于 90s。标准稠度用水量检测仪器与凝结时间所用设备相同，只是试针直径和型号有所区别。检测仪如图 7-35 所示。

新标准维卡仪

图 7-35 测定水泥标准稠度和凝结时间所用维卡仪

2. 凝结时间测定

水泥的凝结时间[103]以标准试针沉入标准稠度水泥净浆至一定深度所需时间表示，分为初凝和终凝。初凝时间是指从水泥全部加入水中至初凝状态所经历的时间，终凝时间是指从水泥全部加入水中至终凝状态所经历的时间。所用设备如图 7-35 所示，初凝状态是指试针自由沉入标准稠度水泥净浆试件至底板（4±1）mm 的稠度状态，终凝状态时试针沉入 0.5mm，且环形附件不能在试件表面留下痕迹时的稠度状态。

国家标准规定，硅酸盐水泥的初凝时间不小于 45min，终凝时间不大于 390min；普通水泥、矿渣水泥、火山灰质水泥、粉煤灰水泥和复合水泥的初凝时间不小于 45min，终凝时间不大于 600min。

水泥的凝结时间对施工有着重要意义，初凝时间太短，将影响混凝土的搅拌、运输、浇捣等施工工序的正常进行，而且在施工完毕后要求混凝土尽快硬化，并具有一定的强度，以加快模具的周转，缩短养护时间。所以，水泥的初凝时间不宜过短，终凝时间不宜过长。到目前为止共做了 11 组凝结时间检测，检测结果见表 7-9。

表 7-9　水泥试样凝结时间

配比	初凝	终凝	配比	初凝	终凝
熟料	1 小时 54 分	2 小时 45 分	F1-4	无效	无效
F0-1	无效	无效	F2-2	1 小时 20 分	3 小时 23 分
F1-1	1 小时 16 分	1 小时 55 分	K0-1	55 分	2 小时 30 分
F1-2	2 小时 07 分	2 小时 51 分	K1-1	51 分	2 小时 05 分
XF1-2	2 小时 59 分	3 小时 45 分	K1-2	35 分	1 小时
F1-3	50 分	1 小时 37 分			

根据检测结果可看出，所有配比初凝、终凝时间均偏短，影响水泥凝结时间的材料为石膏，分析认为本次所用石膏质量欠佳。为验证石膏材料原因，取用以往进场石膏重新按 F1-2 配比磨制。新制水泥试样为 XF1-2，再次对凝结时间进行检测，发现此次初凝、终凝时间有较大改善（图 7-36）。

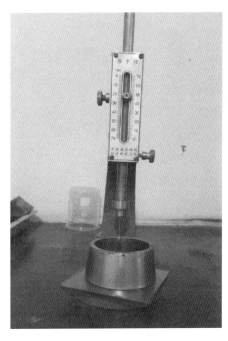

图 7-36　凝结时间测定

3. 安定性检测

安定性[104]是用于表征水泥浆体硬化后，是否发生不均匀体积变化的性能指标。水泥体积安定性不良是由水泥中某些有害成分造成的，这些成分在水泥浆体硬化后继续与水或周围介质发生化学反应，其生成物体积增加，引起水泥浆体内部的不均匀体积变化，在结构物中产生应力。当应力超过材料强度时，则会引起结构开裂等问题。这种应力即使未超过水泥结构的强度，也会因内部应力集中，破坏水泥的内部结构，形成缺陷，构成严重的隐患。引起水泥体积安定性不良的主要原因是水泥熟料中的游离氧化钙或氧化镁含量过高，或由于石膏掺量过多导致水泥中三氧化硫含量偏高。因此，对水泥材料必须做 f-CaO、SO_3 含量检测。对于做了凝结时间检测的水泥试样做安定性检测，结果均合格。昌祥水泥厂安定性检测采用的是沸煮法，即试饼成型在标准养护箱养护 24h 后放入蒸煮箱内沸煮 3h，然后将两块试饼底部贴在一起观察是否紧贴严密，没有缝隙为合格，如图 7-37～图 7-39 所示。

图 7-37　沸煮箱

图 7-38　养护

图 7-39　安定性检测

7.2.6　化学分析

1. SO_3 含量检测

水泥中的 SO_3 是由熟料（特别是以石膏为矿化剂煅烧的熟料）、石膏或混合材料引入的，在水泥制造时加入适量石膏可以调节凝结时间，还具有增加强度、减少收缩等作用[105]。但水泥中 SO_3 含量过多，则会引起水泥体积安定性不良，表现为水泥在硬化后，多余的 SO_3 会继续与水泥熟料中的 C_3A 及水发生反应，产生膨胀应力，破坏水泥结构。国家标准规定通用水泥的 SO_3 不超过 3.5%，矿渣水泥不超过 4.0%。本次水泥试样采用荧光测硫仪（图 7-40）进行检测，检测结果见表 7-10。

图 7-40　荧光测硫仪

表 7-10　SO_3 含量检测结果

配比	F0-1	F1-1	F1-2	F1-3	F1-4	F2-1	F2-2	K0-1	K1-1
SO_3（%）	1.58	1.37	1.4	1.3	1.28	1.43	1.29	1.56	1.5
配比	K1-2	K2-1	K2-2	G0-1	G1-1	G1-2	G1-3	G2-1	G2-2
SO_3（%）	1.34	1.54	1.43	1.46	1.43	1.37	1.29	1.42	1.36
配比	H-2	H-7							
SO_3（%）	1.27	1.3							

根据 SO_3 含量检测结果可发现 SO_3 含量与石膏掺入量有关，这也验证了安定性中石膏掺量过高会导致安定性不良。通过荧光测硫仪检测结果得知水泥试样 SO_3 含量符合国家规范。

2. 氯离子、f-CaO 含量检测

水泥中氯离子的存在会导致混凝土的冻融和混凝土中的钢筋锈蚀，影响混凝土建筑物的寿命和安全。同样 f-CaO 也是有害物质，会造成水泥安定性不良。因为，化学分析有些试剂在配制好后要放置相应时间才能使用，溶液如果已配制好，待放置时间到即可进行离子检测（图 7-41）。

图 7-41　苯甲酸无水乙醇溶液配制

7.3　基于多元回归分析的钢渣水泥性能影响分析

7.3.1　各因素对钢渣水泥抗折强度的影响分析

为研究各因素对于水泥抗折强度的影响，使用数理统计软件 SPSS 对试验数据进行分析，使用多元回归分析的方法得到变量的输入，见表 7-11，输入变量与抗折强度的相关性见表 7-12。

表 7-11　描述统计

项目	平均值	标准偏差	数字
1d 抗折强度 Y1	5.220	0.3393	10
粉煤灰 X3	7.500	2.6352	10
激发剂 X5	1.200	0.7149	10

表 7-12　抗折强度显著性水平表

项目		1d 抗折强度 Y1	粉煤灰 X3	激发剂 X5
Pearson 相关性	1d 抗折强度 Y1	1.000	0.249	0.119
	粉煤灰 X3	0.249	1.000	0.295
	激发剂 X5	0.119	0.295	1.000
显著性（单尾）	1d 抗折强度 Y1	—	0.244	0.372
	粉煤灰 X3	0.244	—	0.204
	激发剂 X5	0.372	0.204	—
数字	1d 抗折强度 Y1	10	10	10
	粉煤灰 X3	10	10	10
	激发剂 X5	10	10	10

由表 7-11 可知，各影响因素中输入变量为粉煤灰和激发剂，这说明粉煤灰和激发剂的含量变化对于抗折强度影响因素最大，且呈现某种比例关系；由表 7-12 可知，这两种因素显著性差值较小，不确定性较小，可靠度较高，与抗折强度相关性很强，是影响抗折强度变化的重要因素。

基于此，可得到抗折强度系数表，见表 7-13。

表 7-13 抗折强度系数表

模型		非标准化系数		标准系数	t	显著性	相关性	
		B	标准错误	β			零阶	分部
1	（常量）	4.966	0.388	—	12.805	0.000	—	—
	粉煤灰 X3	0.030	0.049	0.234	0.611	0.561	0.249	0.225
	激发剂 X5	0.024	0.182	0.050	0.131	0.899	0.119	0.049

由表 7-13 得到多元回归分析后得出的方程为 $f_1 = 4.966 + 0.030x_1 + 0.024x_2$，从回归方程可知，钢渣水泥材料抗折强度与粉煤灰含量、激发剂含量的线性相关系数为 $R^2 = 0.673$，说明线性相关性一般，采用多元回归分析的方法拟合这两种因素对于抗折强度的影响不是十分准确。

由直方图和正态概率图（图 7-42 和图 7-43）可知，条形图沿中线分布并不对称，且中线附近数据确实较多，仍需要大量试验数据对抗折强度进行拟合分析，才能更好地表示粉煤灰含量及激发剂含量对钢渣水泥抗折强度的影响，正态分布曲线并不能很好地拟合数据。同时在标准回归标准化残差的标准 P-P 图中点与直线有所偏差，因此多元回归方法进行拟合的数据准确度较低，结果可信度较低，但得出的粉煤灰含量及激发剂含量对于抗折强度的影响因素最大的结论是准确的。

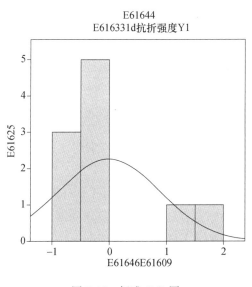

图 7-42　标准 P-P 图

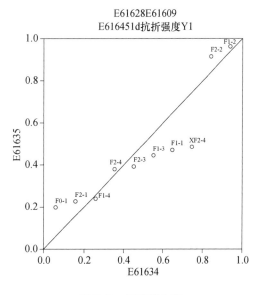

图 7-43　正态直方图

7.3.2 各因素对钢渣水泥细度的影响分析

为研究各因素对钢渣水泥细度的影响，使用数理统计软件 SPSS 对试验数据进行分析，使用多元回归分析的方法得到变量的输入见表 7-14，输入变量与钢渣水泥细度的相关性见表 7-15。

表 7-14 已输入/除去变量

模型	已输入变量	已除去变量	方法
1	激发剂 X6，矿渣 X3	·	输入

表 7-15 水泥细度显著性水平表

模型		平方和	自由度	均方	F	显著性
1	回归	0.574	2	0.287	1.352	0.339
	残差	1.061	5	0.212	—	—
	总计	1.635	7	—	—	—

由表 7-14 可知，各影响因素中输入变量为矿渣和激发剂，这说明矿渣和激发剂的含量变化对于抗折强度影响因素最大，且呈现某种比例关系；由表 7-15 可知，这两种因素显著性差值较小，不确定性较小，可靠度较高，与水泥细度相关性很强，是影响水泥细度变化的重要因素。

基于此，可得到抗折强度系数表，见表 7-16。

表 7-16 水泥细度系数表

模型		非标准化系数		标准系数	t	显著性
		B	标准错误	β		
1	（常量）	3.225	0.631	—	5.113	0.004
	矿渣 X3	−0.065	0.073	−0.322	−0.892	0.413
	激发剂 X6	0.900	0.651	0.498	1.382	0.226

由表 7-16 得到多元回归分析后得出的方程：$f_1 = 3.225 + 0.065x_1 + 0.900x_2$，从回归方程可知，钢渣水泥材料水泥细度与矿渣含量、激发剂含量的线性相关系数为 $R^2 = 0.846$，说明线性相关性较好，采用多元回归分析的方法拟合这两种因素对于抗折强度的影响结果较准确。

由直方图和正态概率图（图 7-44 和图 7-45）可知，条形图沿中线分布对称性很高，且中线附近数据较多，说明数据准确性很高，能很好地表示矿渣含量及激发剂含量对钢渣水泥细度的影响，正态分布曲线能够很好地拟合数据。同时在标准回归标准化残差的标准 P-P 图中某些点与直线有偏差，说明有个别异常数据在拟合时被排除，因此多元回归方法进行拟合的数据准确度较高，结果可信度较高，得出的矿渣含量及激发剂含量对于钢渣水泥细度的影响因素结论是准确的，但得到的方程能够很好地表示水泥细度变化。

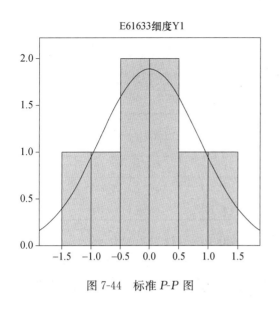

图 7-44　标准 P-P 图

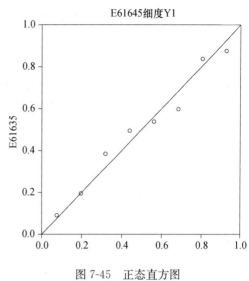

图 7-45　正态直方图

7.3.3　各因素对钢渣水泥抗压强度的影响分析

为研究各因素对于抗压强度的影响，使用数理统计软件 SPSS 对试验数据进行分析，使用多元回归分析的方法得到变量的输入见表 7-17，输入变量与抗压强度的相关性见表 7-18。

表 7-17　描述统计

项目	平均值	标准偏差	数字
1d 抗压强度 Y1	4.300	0.4235	10
粉煤灰 X3	6.200	3.5324	10
激发剂 X5	2.500	0.6238	10

表 7-18　抗压强度显著性水平表

项目		1d 抗压强度 Y1	粉煤灰 X3	激发剂 X5
Pearson 相关性	1d 抗压强度 Y1	1.000	0.249	0.119
	粉煤灰 X3	0.249	1.000	0.295
	激发剂 X5	0.119	0.295	1.000
显著性（单尾）	1d 抗压强度 Y1	—	0.244	0.372
	粉煤灰 X3	0.244	—	0.204
	激发剂 X5	0.372	0.204	—
数字	1d 抗压强度 Y1	10	10	10
	粉煤灰 X3	10	10	10
	激发剂 X5	10	10	10

由表 7-17 可知，各影响因素中输入变量为粉煤灰和激发剂，这说明粉煤灰和激发剂的含量变化对于抗压强度影响因素最大，且呈现某种比例关系；由表 7-18 可知，这

两种因素显著性差值较小，不确定性较小，可靠度较高，与抗压强度相关性很强，是影响抗压强度变化的重要因素。

基于此，可得到抗压强度系数表，见表7-19。

表 7 19　抗压强度系数表

模型		非标准化系数		标准系数	t	显著性	相关性	
		B	标准错误	β			零阶	分部
1	（常量）	4.966	0.388	—	12.805	0.000	—	—
	粉煤灰 X3	0.030	0.049	0.234	0.611	0.561	0.249	0.225
	激发剂 X5	0.024	0.182	0.050	0.131	0.899	0.119	0.049

由表7-19可知，由系数表得到多元回归分析后得出的方程为 $f_1 = 4.966 + 0.030x_1 + 0.024x_2$，从回归方程可知，钢渣水泥材料抗压强度与粉煤灰含量、激发剂含量的线性相关系数为 $R^2 = 0.673$，说明线性相关性一般，采用多元回归分析的方法拟合这两种因素对于抗压强度的影响不是十分准确。

由直方图和正态概率图（图7-46和图7-47）可知，条形图沿中线分布并不对称，且中线附近数据确实较多，仍需要大量试验数据对抗压强度进行拟合分析，才能更好地表示粉煤灰含量及激发剂含量对钢渣水泥抗压强度的影响，正态分布曲线并不能很好地拟合数据。同时在标准回归标准化残差的标准 P-P 图中点与直线有所偏差，因此多元回归方法进行拟合的数据准确度较低，结果可信度较低，但得出的粉煤灰含量及激发剂含量对于抗压强度的影响因素最大的结论是准确的。

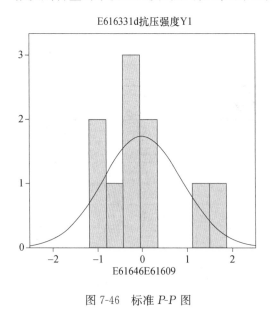

图 7-46　标准 P-P 图

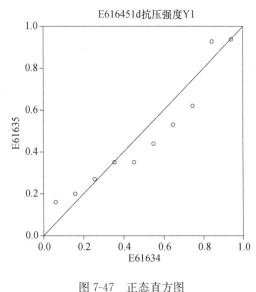

图 7-47　正态直方图

7.3.4　各因素对钢渣水泥干缩性的影响分析

为研究各因素对干缩性的影响，使用数理统计软件 SPSS 对试验数据进行分析，使用多元回归分析的方法得到变量的输入见表 7-20，输入变量与抗折强度的相关性见表 7-21。

表 7-20 描述统计

项目	平均值	标准偏差	数字
1d 干缩型 Y1	5.220	0.3393	10
粉煤灰 X3	7.500	2.6352	10
激发剂 X5	1.200	0.7149	10

表 7-21 干缩性显著性水平表

项目		1d 干缩 Y1	粉煤灰 X3	激发剂 X5
Pearson 相关性	1d 抗折强度 Y1	1.000	0.249	0.119
	粉煤灰 X3	0.249	1.000	0.295
	激发剂 X5	0.119	0.295	1.000
显著性（单尾）	1d 干缩 Y1	—	0.244	0.372
	粉煤灰 X3	0.244	—	0.204
	激发剂 X5	0.372	0.204	—
数字	1d 干缩 Y1	10	10	10
	粉煤灰 X3	10	10	10
	激发剂 X5	10	10	10

由表 7-20 可知，各影响因素中输入变量为粉煤灰和激发剂，这说明粉煤灰和激发剂的含量变化对于干缩性影响因素最大，且呈现某种比例关系；由表 7-21 可知，这两种因素显著性差值较小，不确定性较小，可靠度较高，与干缩性相关性很强，是影响干缩性变化的重要因素。

基于此，可得到干缩性系数表，见表 7-22。

表 7-22 干缩性系数表

模型		非标准化系数		标准系数	t	显著性	相关性	
		B	标准错误	β			零阶	分部
1	（常量）	4.966	0.388	—	12.805	0.000	—	—
	粉煤灰 X3	0.030	0.049	0.234	0.611	0.561	0.249	0.225
	激发剂 X5	0.024	0.182	0.050	0.131	0.899	0.119	0.049

由表 7-22 得到多元回归分析后得出的方程为 $f_1 = 4.966 + 0.030x_1 + 0.024x_2$，从回归方程可知，钢渣水泥材料干缩性与粉煤灰含量、激发剂含量的线性相关系数为 $R^2 = 0.673$，说明线性相关性一般，采用多元回归分析的方法拟合这两种因素对干缩性的影响不是十分准确。

由直方图和正态概率图（图 7-48 和图 7-49）可知，条形图沿中线分布并不对称，且中线附近数据确实较多，仍需要大量试验数据对干缩性进行拟合分析，才能更好地表示粉煤灰含量及激发剂含量对钢渣水泥干缩性的影响，正态分布曲线并不能很好地拟合数据。同时在标准回归标准化残差的标准 $P\text{-}P$ 图中点与直线有所偏差，因此多元回归方法进行拟合的数据准确度较低，结果可信度较低，但得出的粉煤灰含量及激发剂含量对干缩性的影响因素最大的结论是准确的。

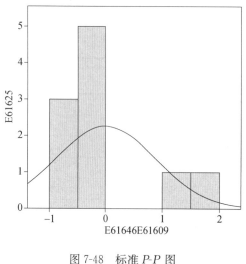

图 7-48 标准 $P\text{-}P$ 图

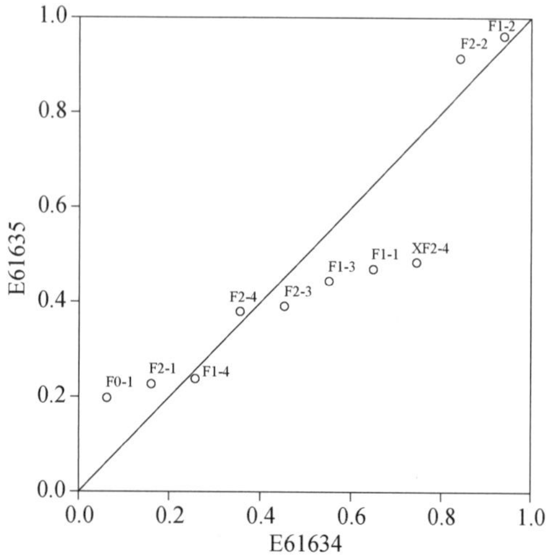

图 7-49 正态直方图

7.4 本章小结

基于灰色关联和多元回归分析的方法，对废弃钢渣水泥性能进行了试验研究，确定了钢渣水泥的原材料指标以及各因素对于钢渣水泥性能的影响，本章总结如下：

（1）确定了钢渣水泥原材料的性能指标，原材料主要包括钢渣、矿渣、粉煤灰、激发剂及水等。

（2）对钢渣水泥性能进行了几项指标的处理及分析，探究了粉煤灰、激发剂、钢渣、矿渣等材料对于钢渣水泥性能的影响规律。

（3）基于灰色关联理论，探究各因素对钢渣水泥性能的影响规律，各因素对于钢渣水泥材料性能的影响大小主要与粉煤灰和激发剂含量有关。

（4）基于多元回归分析理论，对钢渣水泥材料性能的影响进行了探究，使用 SPSS 软件对结果进行分析处理，最后得出在钢渣水泥的性能中粉煤灰及激发剂对性能影响较大；从回归方程可知，钢渣水泥材料抗压强度与粉煤灰含量、激发剂含量的线性相关系数不稳定，说明线性相关性一般，采用多元回归分析的方法拟合这两种因素对于抗压强度的影响较准确。

8 工程介绍

8.1 背景

8.1.1 工程概况

阜平县[105-108]2013—2030 年城乡总体规划结合城市山水地形特征和空间发展态势，形成了"一心三带两片区"多组团、组合式的空间布局结构。而东城区以生态旅游服务和现代工业集聚为带动的城区，主要布局休闲旅游、康体娱乐、教育培训、商贸物流、农副产品加工、装备制造产业和生态居住等职能（图 8-1）。

图 8-1 阜平县城乡总体规划

本项目为阜平县阜东城区路网建设项目——沙河北路综合管廊工程，管廊总长度约 4.4km。

沙河北路综合管廊为支线型综合管廊，设计起点为沙河北路道路设计桩号 K_0+530 处，设计终点为鹞子河大街与沙河北路路口综合管廊交叉节点 01，舱室通过节点 01 与鹞子河大街综合管廊相联通。

综合管廊控制中心位于鹞子河大街 K_0+060 东侧绿化带内，通过地下通道与综合管廊相连接。沙河北路综合管廊在 K_0＋777.26 处设置一个地下变电所，为综合管廊附属用电设施、设备供电。图 8-2 所示为沙河北路平面图。

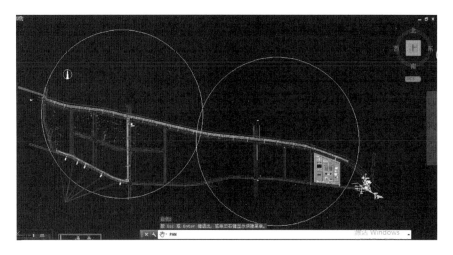

图 8-2　沙河北路平面图

8.1.2　阜平县地理地貌

阜平县[109]位于河北省保定市，占地总面积为 $2496m^2$。阜平境内有着极为复杂的地形，不仅有连绵不绝的山，还有弯曲交错的一条条山沟，地势高度从东南向西南逐步上升，海拔从 200m 到 2200m 一步步上升。保定市的最高峰就在阜平县，它就是海拔有 2286.2m 的歪头山。阜平县全县的水系都为大清河水系，河流途经全县，由西北至东南，其中平阳河、板峪河、鹞子河、胭脂河、北流河等为主要支流，而此次工程的主要施工地就在其中的一条主要支流——鹞子河。图 8-3 所示为阜平县的卫星图。

图 8-3　阜平县卫星图

图 8-3 中圆圈处为此次工程中综合管廊控制中心——鹞子河。阜平县有 35.09％森林覆盖率，80.8％植被覆盖率。

8.1.3 阜平县气象水文

依据 1956—2000 年的《保定市水资源评价》分析，全县水资源总量为 4.89 亿 m³，其中包括 4.67 亿 m³ 是阜平县多年平均自产地表水资源量，也就是自产天然水资源量；1.59 亿 m³ 地下水资源，1.37 亿 m³ 重叠的地表水与地下水。全县水能源理论上的储藏量 7.149 万 kW，其中可发掘量 3.8285 万 kW。

阜平县[110]年平均气温为 12.6℃，常年积温 801.9℃，年均降水量为 550～790mm；阜平县是华北地区出名的暴雨降雨集中地，在阜平县境内主要降雨在西南方向的下庄和北面的段庄，多年平均的降雨数据为 626mm，多年平均的蒸发数据为 2268mm，这个数据和多年的平均降雨量相比相当于多年平均降雨量的 3～4 倍，就全境而言，降雨集中且变率高，6～9 月降雨量最多，占全年降雨量的 82.9％，而 3～5 月占全年降雨量的 9％。如 2016 年阜平县月平均气温和降水，如图 8-4 所示。

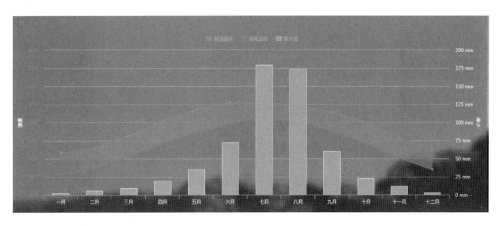

图 8-4　2016 年阜平县月平均气温和降水

8.1.4 管廊配重需求分析

阜平县年平均降水量为 550～790mm，其中阜东城区地下水位较浅。在此地域建设管廊时，如不考虑配重，随着地下水位的上升，管廊将难以承受地下水产生的上浮力[111]。容易导致管廊隆起、路面破坏，甚至对周围建筑物的地基承载力也造成重大影响而引发工程事故。综合分析可知，管廊配重的试验研究对此次工程意义重大。

管廊工程的配重钢渣混凝土尺寸要求[112]是 25m×2m×1.7m，中间间隔。由于管廊配重不承受任何荷载，因此其强度设计为 C20。为使管廊能承受水位上升引起的巨大上浮力，配重的表观密度要求达到 3000kg/m³，以此满足配重要求。

8.2　原材料试验分析

阜平县管廊工程采用的原材料见表 8-1。

表 8-1　原材料性能指标

原材料	选用标准
水泥	选用普通硅酸盐水泥，42.5 强度等级
粉煤灰	粉煤灰的 70% 以上通常都是由氧化硅、氧化铝和氧化铁组成的，试验中粉煤灰主要采用Ⅱ级粉煤灰
减水剂	高效减水剂在混凝土中发挥着改善混凝土的工作度，提高流动性等重要的作用，试验中减水剂主要采用聚羧酸减水剂
细骨料	中砂起调节比例的作用，试验中细骨料主要采用河沙
钢渣	试验采用的粗骨料是钢渣，主要是为了增大密度，改善管廊结构

8.3　试验方案设计

8.3.1　普通混凝土设计

普通混凝土是指以水泥为胶凝材料、石子、砂子为粗细骨料，经加水搅拌、浇筑成型、凝结固化成具有一定强度的人工石材[113-118]。普通混凝土的配合比设计有具体规范可以参考，运用体积法进行普通混凝土的配合比设计，再结合大量工程实例，配制出不同强度的普通混凝土试块。具体方案见表 8-2。

表 8-2　普通混凝土配合比设计

编号	水（kg）	水泥（kg）	砂子（kg）	碎石（kg）	砂率（%）	和易性	设计强度（MPa）	实际强度（MPa）	密度（kg/m³）
A	99	220	750	1270	37.13	良好	C10	16.5	2347
B	121.5	270	700	1260	35.71	良好	C15	23.6	2353
C	148.5	330	680	1200	36.17	良好	C20	31.3	2365
D	166.5	370	650	1180	35.52	良好	C25	35.6	2384
E	189	420	620	1150	35.03	良好	C30	41.4	2425
F	207	460	590	1140	34.10	良好	C35	46.5	2436

通过表 8-2 可知，普通混凝土的强度随着水泥用量的增加和砂率的减少呈递增状态。按各方案其强度均能达到规范要求，且和易性良好。

8.3.2　配重钢渣混凝土设计

该管廊工程的配重要求为钢渣混凝土的表观密度达到 3000kg/m³，经试验测试分析，可知混凝土中所用材料只有钢渣的表观密度能达到 $3000kg/m^3$，其他材料的表观密度均无法达到。在混凝土的配合比设计中，钢渣的含量必须较高才能使混凝土的表观密度达到要求。钢渣的吸水率较大，混凝土和易性损失会很快，必须使用高效减水剂来提高混凝土的工作性能。

钢渣表观密度较大，用量过多会导致混凝土发生分层、离析、难以搅拌等问题，试验通过加大胶凝材料的用量和合理使用减水剂等措施保证混凝土的工作性能。试验制作了 9 组钢渣含量不同的钢渣混凝土试块，分别测定其和易性、密度与抗压强度，通过对比分析给出最佳配合比设计，具体监测数据见表 8-3。

表 8-3　配重钢渣混凝土配合比设计

编号	水(kg)	水泥(kg)	粉煤灰	细钢渣(kg)	河砂(kg)	粗钢渣(kg)	减水剂(kg)	水胶比(%)	砂率(%)	和易性	抗压强度(MPa)	表观密度(kg/m³)
1	238	390	140	878	0	1570	15	45	35.8	一般	33.5	2815
2	238	390	140	0	878	1570	15	45	35.8	可以	31.5	2682
3	200	450	100	800	0	1700	0	40	32	较差	40.6	2800
4	180	450	100	800	0	1700	25	32.7	32	可以	41.2	2904
5	308	550	110	2000	0	1200	0	46.6	62.5	一般	46.5	2857
6	195	550	110	946	0	1758	30	30	35	可以	47.4	2949
7	180	400	0	1600	0	碎石 1200	0	45	57	一般	35.6	2815
8	180	420	100	0	配重砂 818	1400	25	34.6	36.8	良好	38.3	3135
9	180	450	100	245	605	1700	30	32.7	33.3	良好	42.6	2935

通过表 8-3，对比分析 1、2 号试块可知，钢渣混凝土在用河砂作为细骨料时的和易性要比用细钢渣作为细骨料好，但其抗压强度和密度都较低；对比分析 3、4 号试块可知，胶凝材料用量相同的情况下，使用高效减水剂减少用水量能有效提高混凝土的和易性，且试块的密度也较大；对比 5、6 号试块可知，通过调整粗细钢渣的比例和使用减水剂，可提高混凝土的密度和工作性能；对比分析 7、8、9 号试块可知，相同用水量的情况下，随着胶凝材料和减水剂用量的增加，混凝土的强度逐渐增加。

通过对比表 8-1、表 8-2 可知，混凝土试块在同等强度下，钢渣混凝土的胶凝材料用量要大于普通混凝土。普通混凝土的密度一般在 $2350\sim2450kg/m^3$，钢渣的表观密度较普通碎石大，试块配制过程中需加入适量的减水剂和粉煤灰，改善其和易性。由于钢渣混凝土做配重，其水胶比控制在 0.4 以下，而普通混凝土的水胶比在 $0.42\sim0.45$。

通过以上分析可知，细钢渣呈菱形状，用细钢渣代替河砂作为细骨料，混凝土的和易性一般，钢渣混凝土的表观密度均在 $2800kg/m^3$ 以上，强度也均满足配重要求。9 号试块中，水胶比为 32.7%，砂率为 33.3%，细骨料中 1/3 为细钢渣，2/3 为河砂，混凝土坍落度在 160mm 以上，既能满足混凝土和易性要求，也能满足混凝土配重要求。

8.4　钢渣配重混凝土结构受力仿真分析

在通过试验分析确定出钢渣配重混凝土配合比之后，通过仿真建模分析，得出在管廊中放置钢渣配重混凝土，不仅能有效抑制水对管廊的上浮力，还能改善管廊的受力性能。管廊结构模型如图 8-5 所示。

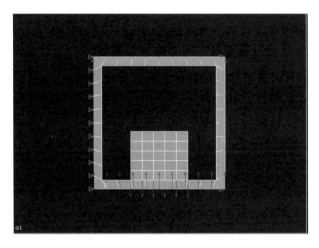

图 8-5　管廊工程受力分析云图

在上述所建模型中，混凝土材料的弹性模量为 24000MPa，泊松比为 0.2，其中管廊混凝土材料的表观密度为 2400kg/m³，配重钢渣混凝土材料的表观密度为 3000kg/m³。管廊竖向两端施加水平约束，管廊顶部施加竖向约束，管廊底部节点受到均匀分布的上浮力，钢渣配重混凝土底部节点作用向下的自重力。模型建立完成后，其竖向位移云图如图 8-6 和图 8-9 所示。

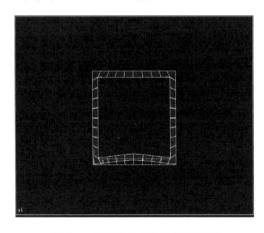

图 8-6　管廊配重前竖向位移云图

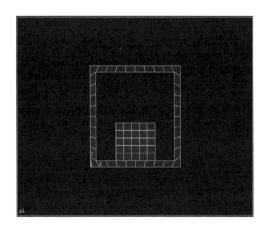

图 8-7　管廊配重后竖向位移云图

通过对比分析图 8-6、图 8-7 可知，在管廊中施加配重钢渣混凝土对于管廊竖向变形的抑制有重要作用，可有效抵消水浮力对管廊的影响。

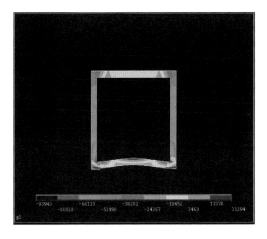
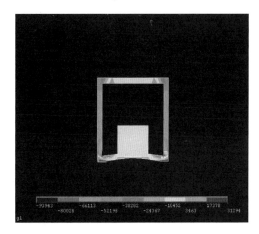

图 8-8　管廊配重前受力变形云图　　　　图 8-9　管廊配重后受力变形云图

通过对比分析图 8-8、图 8-9 可知，管廊在没有施加钢渣配重混凝土时，其底部梁将承受巨大的弯矩。这不仅造成管廊底部受力不均，还会造成管廊底部变形较大。管廊在施加钢渣配重混凝土时，其底部梁的受力情形将得到巨大的改善，底部梁的受力分布更加均匀，竖向变形显著减小[119-122]。

8.5　本章小结

本章基于 ANSYS 有限元软件，对阜平县管廊结构进行设计建模，并通过施加荷载来探究各因素对管廊结构的受力变形的影响，本章总结如下：

（1）通过对阜平地区背景的简介，了解到阜平县基本信息。主要介绍了工程概况及阜平县地理地貌及气象水文特征等，并根据阜平县背景特征总结了管廊配重的需求。

（2）通过基本的背景信息，对阜平地区管廊配重所需钢渣混凝土材料进行了原材料的选取。通过介绍普通混凝土及配重混凝土的区别和联系，对阜平地区管廊工程进行了配重钢渣混凝土方案设计。最终确定 9 组试验方案，并对每组进行了处理，最终选出最优方案为第 8 组。

（3）对比配重前后管廊底部挠度变形大小，研究发现，管廊在配重后，管廊底部最大弯矩为 4.09kN·M，最大位移为 21.0mm，配重前由于浅层地下水的浮力作用，管廊底部最大的弯矩为 33.08kN·M，是配重后的 8 倍。

（4）管廊底部最大位移为 90.31mm，是配重后的 4 倍左右，可见，配重钢渣混凝土能有效减小地下水浮力的影响。

9 结　论

随着现在城市建设的进步，对市政建设要求越来越高，城市美观已经是必需的条件，但是安全与实用也是同样重要。故对于管廊的建设迫在眉睫，城市地下综合管廊是城市生命线的汇总，也是实现城市发展运行的重要基础。城市地下管廊的建设可以使地上地下空间的利用更加有序、规范、有效。高架的电线、高耸的铁塔、从上到下，无疑会使天空更蓝、地面更清，便于建筑、交通和景观。管廊会使埋地的管线规范有序，减少占地开挖、减少破坏损伤，利于维护检修，提高建设、使用效率。当然，城市地下管廊的建设也会拉动经济增长，使城市建设跨上一个新水平、新台阶。但是目前综合管廊的建设机遇与风险并存，国家政策密集出台，各级地方政府大力支持，多个央企已经着手布局。综合管廊将迎来大发展，现存的不确定因素也会随着越来越多项目的开展而明朗化。

基于第 1 章的政策条文，可以看出目前国家和地方在管廊建设方面都有好的政策，加上前面对管廊的各个方面的分析可知，为阜平县阜东城区路网建设项目沙河北路综合管廊工程对于解决该地区的一些问题具有重要的意义。其中对于综合管廊的设计是综合管廊建设的重要一环，管廊设计应"适度超前，留有余地"，以满足城市百年发展需求。

基于第 2 章及第 4、5 章对钢渣配重混凝土的叙述可知，其在性能方面：用钢渣代替石子作为粗骨料来配制钢渣混凝土，可以起到配重及防护作用，其各项指标均符合普通混凝土的标准要求，甚至抗渗性、耐磨性等方面还要优于普通混凝土。在经济环境方面：大量利用钢渣既保护黄砂、石子、铁矿石等资源，又减少钢渣堆放对环境的污染，保护生态。此外，钢渣混凝土大大降低了配重混凝土的生产成本，具有良好的经济效益。

基于第 5 章对钢渣配重混凝土的实验研究分析可知：

（1）钢渣混凝土配合比中，水胶比 32.7%、砂率 33.3%、细骨料中 1/3 为细钢渣、2/3 为河砂，混凝土坍落度在 160mm 以上，既能满足混凝土和易性要求，也能满足混凝土配重要求。

（2）通过钢渣配重混凝土结构受力仿真分析，在管廊中施加配重钢渣混凝土对于管廊竖向变形的抑制有重要作用，可有效抵消水浮力对管廊的影响。

（3）对比分析 ANSYS 受力变形云图可知，管廊在施加钢渣配重混凝土时，其底部梁的受力情形将得到巨大的改善，底部梁的受力分布更加均匀，竖向变形显著减小。

　　由第 8 章的案例可知，阜平县年平均降水量为 550～790mm，其中阜东城区地下水位较浅。在此地域建设管廊时，如不考虑配重，随着地下水位的上升，管廊将难以承受地下水产生的上浮力。容易导致管廊隆起、路面破坏，甚至对周围建筑物的地基承载力也造成重大影响而引发工程事故。结合第 4 章及第 5 章的实验结果，在阜平县的管廊工程中运用钢渣配重混凝土材料，满足了混凝土和易性要求，减小了管廊所承受的弯矩，减小了管廊的竖向变形，对提高阜平县的管廊结构稳定性具有重要意义。

　　通过以上的叙述，管廊钢渣配重混凝土的材料设计与应用不仅在该工程建设中有着重要的影响，在其他工程建设中也可以得到应用。此外，无论管廊的建设还是新型混凝土材料在未来都会具有很好的发展前景。

参考文献

[1] 赵鑫. 水泥稳定钢渣碎石配合比设计及疲劳性能研究 [J]. 粉煤灰综合利用, 2020, 34 (06): 84-88, 140.

[2] 郝雅芬, 温浩, 樊珮阁, 等. 冻融循环对赤泥-钢渣改性水泥土强度的试验研究 [J/OL]. 太原理工大学学报.

[3] 杜惠惠, 倪文, 高广军. 水淬高钛高炉渣制备 C40 全固废混凝土试验研究 [J]. 材料导报, 2020, 34 (24): 24055-24060.

[4] 邵剑涛, 唐磊杰, 岳志才, 等. 钢渣细骨料混凝土抗硫酸盐侵蚀试验研究 [A]. 中冶建筑研究总院有限公司. 2020 年工业建筑学术交流会论文集（上册）[C]. 中冶建筑研究总院有限公司: 工业建筑杂志社, 2020: 5.

[5] FENG YU, TAIYAO CHEN, KANG NIU, et al. Study on Bond-Slip Behaviors of Self-Stressing Steel Slag Concrete-Filled Steel Tube [J]. KSCE Journal of Civil Engineering, 2020, 24 (prepublish).

[6] 侯景鹏, 陈群, 史巍, 等. 钢渣和粉煤灰对重混凝土性能的影响 [J]. 混凝土与水泥制品, 2020 (11): 92-95.

[7] 黄莉捷, 张仁巍, 郑仁亮. 高强钢渣混凝土的耐久性试验研究 [J]. 常州工学院学报, 2020, 33 (05): 7-11.

[8] 李少会. 半参数空间多元回归模型两步估计及其性质研究 [D]. 兰州: 兰州理工大学, 2011.

[9] 袁晶晶, 康洪震. 复掺钢渣-石粉对混凝土力学性能的影响 [J]. 华北理工大学学报（自然科学版）, 2020, 42 (04): 81-86.

[10] 田井锋, 黄侠, 王成刚. 钢渣砂混凝土工作性能研究 [J]. 安徽科技, 2020 (10): 46-47.

[11] 汪坤, 李颖, 张广田. 含钢渣的低熟料混凝土耐久性及水化机理研究 [J]. 中国冶金, 2020, 30 (10): 92-97.

[12] Engineering-Civil Engineering. Investigators from Anhui University of Technology Have Reported New Data on Civil Engineering (Study on Bond-slip Behaviors of Self-stressing Steel Slag Concrete-filled Steel Tube) [J]. Journal of Engineering, 2020.

[13] 林东, 叶门康, 詹国良, 等. 钢渣骨料在混凝土中的应用研究 [J]. 广东建材, 2020, 36 (09): 13-15.

[14] 李全, 周庆华, 徐忠民, 等. 昆钢钢渣资源综合利用及发展对策 [A]. 河北省金属学会, 云南省金属学会、陕西省金属学会, 等. 第五届全国冶金渣固废回收及资源综合利用、节能减排高峰论坛论文集 [C]. 河北省金属学会, 云南省金属学会, 陕西省金属学会, 等, 2020: 6.

[15] 杜滨, 尹凤交, 王寿权, 等. 钢渣碳化工艺对混凝土抗压强度的影响 [J]. 山东化工, 2020, 49 (16): 43-44＋53.

[16] 赵长江，陈琴．钢渣粉取代粉煤灰在混凝土中的应用研究［J］．商品混凝土，2020（08）：46-47.

[17] 吴跃东，彭犇，吴龙，等．国内外钢渣处理与资源化利用技术发展现状［J/OL］．环境工程：1-6［2021-01-08］．http：//kns．cnki．net/kcms/detail/11．2097．X．20200615．1703．046．html.

[18] 王肇嘉．钢渣建材化利用助推行业绿色发展［N］．中国建材报，2020-06-10（002）.

[19] 庞才良，杨雪晴，宋杰光，等．钢渣综合利用的研究现状及发展趋势［J］．砖瓦，2020（03）：77-80.

[20] 宋赟．国内外钢渣资源化利用现状及发展趋势［J］．中国钢铁业，2019（08）：39-41.

[21] 王淑娟．钢渣的利用现状及发展趋势分析［J］．黑龙江科学，2019，10（02）：160-161.

[22] 王东梅，郑玉荣，陈瑜，等．钢渣高效利用技术发展研究专利分析［J］．再生资源与循环经济，2018，11（11）：18-21.

[23] 李瑞雪．钢渣混凝土发展的技术及经济评价研究［D］．西华大学，2018.

[24] 冯璧．钢渣混凝土发展现状及优化途径探讨［J］．江西建材，2017（02）：18＋21.

[25] 史长亮，尤培海，孙小朋，等．钢渣铁矿物分选技术现状及发展趋势［J］．矿产综合利用，2016（05）：1-5.

[26] 高本恒，郝以党，张淑苓，等．钢渣综合利用现状及发展趋势［J］．环境工程，2016，34（S1）：776-779.

[27] 孙家瑛．钢渣微粉对混凝土抗压强度和耐久性的影响．建筑材料学报，2005，2（8）：63-66.

[28] 张爱萍，李永鑫．钢渣复合掺和料配置混凝土的工作性能与力学性能研究．混凝土，2006，6：38-41.

[29] 唐卫军，任中兴，朱建辉．钢渣矿渣微粉复合掺和料在混凝土中的应用．中国废钢铁，2006，3（6）：32-34.

[30] 贾兴文，钱觉时，唐祖全．钢渣混凝土的压敏性研究．材料导报，2008，22（11）：122-124.

[31] 钱觉时，李长太，唐祖全．掺和料对钢渣混凝土电阻率的作用．粉煤灰综合利用，2004，4：7-9.

[32] 唐祖全，钱觉时，王智．钢渣混凝土的导电性研究．混凝土，2006，6：12-14.

[33] 张慧宁，徐安军，崔健，等．钢渣循环利用研究现状及发展趋势［J］．炼钢，2012，28（03）：74-77.

[34] 韩健．唐钢转炉钢渣处理与综合利用现状及发展方向［A］．河北省冶金学会，北京金属学会，天津市金属学会，等．2012中国（唐山）绿色钢铁高峰论坛暨冶金设备、节能减排技术推介会论文集/推介指南［C］．河北省冶金学会，北京金属学会，天津市金属学会，等，2012：3.

[35] 张勇，鲁晓辉，谢慧东．钢渣粗骨料在泵送配重混凝土中的应用试验研究［J］．粉煤灰，2015，27（02）：18-21.

[36] 张海霞，王龙志，谭文杰．钢渣作为配重混凝土骨料的研究［J］．21世纪建筑材料居业，2011，（02）：90-92.

[37] 翁云翔，朱李俊，沈云根，等．钢渣应用于重混凝土研究进展［J］．上海建材，2015，（03）：24-26.

[38] 王晓中．重混凝土性能的试验研究与应用［D］．北京工业大学，2012.

[39] 李学进，闫振民，张勇，等．不同因素对泵送钢渣配重混凝土性能影响及正交试验分析［J］．

商品混凝土，2014，(09)：37-40.

[40] 崔嵩岭．浅谈配重混凝土的设计与应用 [J]．中国新技术新产品，2013，(08)：16.

[41] 裴晓梅，李丽玮，侯春明，等．混凝土配重海底管道脉冲涡流检测数值模拟仿真 [J]．无损探伤，2017，41 (01)：27-29.

[42] 王艳，岳古祥，罗晓兰，赵毅．海底管道混凝土配重层抗撞击影响分析 [J]．石油机械，2016，44 (04)：112-116.

[43] 程波，张绍原．配重用重混凝土的配合比设计及耐久性能试验 [J]．浙江建筑，2016，33 (04)：52-55.

[44] 吴学峰，李海燕，相政乐，等．水泥用量对配重混凝土密度及抗压强度影响的试验研究 [J]．石油工程建设，2015，41 (02)：5-7+12.

[45] 谢洪雷，赵建佩，钱欣，等．骨料级配对配重混凝土密度及抗压强度影响的试验研究 [J]．石油工程建设，2013，39 (03)：13-16+23-24.

[46] 姚尧．大跨度钢结构复合金属屋面配重混凝土施工 [A]．住房和城乡建设部科技发展促进中心．2014 年全国建筑物鉴定与病害处理学术交流会论文集 [C]．住房和城乡建设部科技发展促进中心，2014：6.

[47] 李锋，方增辉．重混凝土在大桥桥梁板配重中的应用研究 [J]．浙江建筑，2017，34 (04)：45-47.

[48] 陈俊文，陈庆，朱曦，等．混凝土配重对海底管道热力学影响研究 [J]．广东化工，2014，41 (09)：56-57，76.

[49] 2016—2020 年中国城市地下综合管廊建设状况与前景展望分析报告 [R]．中经未来产业研究院.

[50] 地下综合管廊系统提升日本城市综合功能 [J/OL]．中国经济网．2015 年 08 月 07 日 [2015-08-09]

[51] 关于加强城市地下综合管廊规划建设管理工作的通知 [R]．2016-04-20.

[52] 国务院办公厅关于推进城市地下综合管廊建设的指导意见 [R]．中华人民共和国中央人民政府，[2015-08-10].

[53] 李晔．市政管线规划中综合管沟设计与施工 [J]．建材发展导向：下，2016，14 (7).

[54] 马骥，方从启，雷超．明挖现浇法城市地下管廊施工技术 [J]．2017.1.

[55] 王轶飞．浅谈城市地下综合管廊的设计及明挖法施工技术应用 [J]．工程质量，2016，34 (S1)：154-158.

[56] 本刊编辑部．城市地下综合管廊设计与施工 [J]．建筑机械化，2016，37 (09)：10-14.

[57] 中华人民共和国住房和城乡建设部．混凝土结构工程施工质量验收规范：GB 50204—2015 [S]．北京：中国建筑工业出版社，2015.

[58] 孙利勇．浅谈城市地下综合管廊结构设计与施工探究 [J]．科技风，2012，(24)：152.

[59] 徐茂震，李文志，刘金景，等．SBS 改性沥青防水卷材性能影响因素探讨 [J]．中国建筑防水，2015 (01)：15-20.

[60] 于晨龙，张作慧．国内外城市地下综合管廊的发展历程及现状 [J]．建设科技，2015 (17)：49-51.

[61] 法国大巴黎地区地下综合管廊对宁夏管廊建设的启示 [EB/OL]．http://www.ccement.com/

news/content/8894626443918. html，2017/03 /15.

［62］新华网．地下综合管廊系统提升日本城市综合功能［EB/OL］. http：/ /www. xinhuanet. com/ world/2015-08/07/c ＿ 1116181044. htm，2015-08-07.

［63］刘明刚．浅谈城市地下综合管廊设计［J］．低碳世界，2017，（05）：257-258.

［64］许晶伟，杨文安．综合管廊施工安全评价［J］．工程经济，2020，30（12）：13-15.

［65］张培兴，丁小强，徐田柏，等. BIM 技术在地下综合管廊施工中的应用探索［J］．工程经济，2020，30（12）：49-51.

［66］陈元盛，党发宁．综合管廊施工对临近建筑沉降的影响分析［J/OL］．西安理工大学学报：1-11［2021-01-08］. http：//kns. cnki. net/kcms/detail/61. 1294. N. 20201214. 1535. 010. html.

［67］张一航，温禾，郑丹．综合管廊与地下基础设施一体化建设现状及技术要点研究［J］．建筑结构，2020，50（23）：138-141＋113.

［68］曹正国．地下综合管廊兼顾人防建设技术探讨［J］．砖瓦，2020（12）：94-95.

［69］池哲源．城市综合管廊下穿既有隧道浅埋暗挖设计的思考［J］．四川水泥，2020（12）：283-284.

［70］金宏刚，蔡连波，胡敏云．基于有限元模型的深基坑开挖对邻近桥梁的影响分析［J］．科学技术创新，2020（35）：140-142.

［71］伍军，王孟钧．基于方法论的综合管廊施工方案比选［J/OL］．铁道科学与工程学报：1-8［2021-01-08］. https：//doi. org/10. 19713/j. cnki. 43-1423/u. T20200377.

［72］Bai Yiping, Zhou Rui, Wu Jiansong. Hazard identification and analysis of urban utility tunnels in China［J］. Tunnelling and Underground Space Technology，2020，106.

［73］田安然．明挖整体装配式地下综合管廊预制生产技术研究［J］．山西建筑，2020，46（23）：84-86.

［74］左春丽．城市综合管廊的预制装配技术研究及应用［J］．低温建筑技术，2020，42（11）：128-131.

［75］林东．城市地下综合管廊机电建设要点分析［J］．机电信息，2020（33）：123-125.

［76］张新刚．市政地下综合管廊结构工程的防水施工［J］．交通世界，2020（33）：130-131.

［77］周永军，罗志成，郭屹忠，等．一种适用于城市级规模综合管廊运营管理的智慧管理平台［J］．智能建筑与智慧城市，2020（11）：105-107＋111.

［78］YANG YEKAI, WU CHENGQING, LIU ZHONGXIAN, et al. Protective effect of unbonded prestressed ultra-high performance reinforced concrete slab against gas explosion in buried utility tunnel［J］. Process Safety and Environmental Protection，2021，149（prepublish）.

［79］AN WEIGUANG, WANG TAO, LIANG KAI, et al. Effects of interlayer distance and cable spacing on flame characteristics and fire hazard of multilayer cables in utility tunnel［J］. Case Studies in Thermal Engineering，2020，22.

［80］姜素云．入廊管线在管廊内的布局分析［A］．中冶建筑研究总院有限公司. 2020 年工业建筑学术交流会论文集（下册）［C］．中冶建筑研究总院有限公司：工业建筑杂志社，2020：4.

［81］庄立，贾铮．综合布线方式在高大空间工业建筑中的应用分析［A］．中冶建筑研究总院有限公司. 2020 年工业建筑学术交流会论文集（下册）［C］．中冶建筑研究总院有限公司：工业建筑杂志社，2020：3.

［82］董迎健．绿色施工技术在城市地下综合管廊中的应用［J］．市政技术，2020，38（06）：234-236＋258.

［83］张翼．叠合装配式地下综合管廊探析：以厦门环东海域新城翔安南路地下综合管廊工程为例［J］．福建建筑，2020（11）：121-125.

［84］李粤川，邓志辉．地卜综合管廊运行优化研究［J］．制冷与空调（四川），2020，34（05）：549-553.

［85］崔国静，周庆国，宋战平．城市地下综合管廊建设与发展探析［J］．西安建筑科技大学学报（自然科学版），2020，52（05）：660-666.

［86］毕文节．市政工程综合管廊施工要点分析［J］．工程技术研究，2020，5（20）：109-110.

［87］曹建泉，易乐，叶天洪，等．预制拼装综合管廊渗漏原因及治理技术探讨［J］．中国建筑防水，2020（S1）：45-48.

［88］中华人民共和国住房和城乡建设部．城市综合管廊工程技术规范：GB 50838—2015［S］．北京：中国计划出版社，2015.

［89］IRINA KOZLOVA，OLGA ZEMSKOVA，VYACHESLAV SEMENOV. The Effect of Fine Dispersed Slag Component on the Slag Portland Cement Properties［J］. Materials Science Forum，2020，6121.

［90］LIANG SONG LI，MIN ZHU，XIANG LI，et al. Effect of Raw Materials Formula on Performance of Steel Slag Cement［J］. Key Engineering Materials，2020，6033.

［91］吴跃东，彭犇，吴龙，等．钢渣基胶结材料及应用前景［J］．科学技术与工程，2020，20（22）：8843-8848.

［92］刘晶晶，何春艳，宋杰光，等．利用钢渣制备水泥熟料及性能研究［J］．萍乡学院学报，2020，37（03）：111-116.

［93］张长森，李杨，胡志超，等．钠盐激发钢渣水泥的早期水化特性及动力学［J/OL］．建筑材料学报：1-12［2021-01-12］．http：//kns. cnki. net/kcms/detail/31. 1764. TU. 20200530. 0854. 002. html.

［94］王倬．钢渣用作水泥混合材的研究［D］．河北工程大学，2020.

［95］宋笑，赵林林．浅谈钢渣在混凝土和砂浆中的应用情况及体积稳定性不良问题［J］．商品混凝土，2019（12）：25-28.

［96］刘华山．钢渣水泥混凝土学性能及耐久性研究［J］．公路交通科技（应用技术版），2019，15（12）：84-86.

［97］陈超，陈云耀，龚耀．掺钢渣水泥稳定碎石配合比优化设计及路用性能研究［J］．公路与汽运，2019（05）：75-78＋82.

［98］何伟．含钴渣、钢渣胶凝材料的制备与力学性能研究［D］．安徽工业大学，2019.

［99］王秀红，王俊，白建飞，等．无约束多条件下钢渣水泥砂浆的长期干缩性能［J］．长江科学院院报，2020，37（02）：153-158＋163.

［100］王永平．转炉钢渣改性试验研究［J］．涟钢科技与管理，2019（01）：26-27.

［101］赵静．钢渣配料对水泥熟料的物理性能及水化产物的影响［J］．四川水泥，2018（09）：17.

［102］52.5级钢渣水泥的配制．上海市，上海大学，2018-01-01.

［103］吕杨．钢渣中f-CaO膨胀性研究［D］．北京化工大学，2017.

［104］夏永杰，王丽艳，刘瀚淼．掺废弃钢渣的水泥土强度特性试验研究［J］．中外公路，2016，36

（05）：243-246.

[105] 张丽颖，李俊国．钢渣的资源化利用现状及发展趋势［J］．统计与管理，2015（08）：126-127.

[106] 姜黎．保定市平原区浅层地下水动态变化规律分析［J］．河北水利，2015，（04）：26.

[107] 李婧，薛丁炜．保定西部矿山泥石流特征与防治措施［J］．山东国土资源，2011，27（02）：29-31，34.

[108] 任磊，焦尚斌，李福庆，等．阜平县城市地质环境适宜性评价［J］．世界有色金属，2016，（24）：27-28.

[109] 顾志强．阜平县水资源演变情势分析［J］．海河水利，2016，（04）：7-10.

[110] 孙敏，关鸿．阜平杂岩年龄及其地质意义：兼论前寒武高级变质地体的定年问题［J］．岩石学报，2001，（01）：145-156.

[111] 卢放，阎红霞，胡文广．太行山缺水地区变质岩裂隙水水文地质特征及其电性响应：以阜平县为例［J］．科学技术与工程，2016，16（14）：18-22.

[112] 史薪钰，刘洋，齐国辉，等．太行山片麻岩山地坡面土壤含水率及其影响因子：以河北省阜平县为例［J］．林业资源管理，2015，（03）：114-120.

[113] 魏凤华，尤凤春，张树刚，等．河北省地质灾害分布特征及预报［J］．中国地质灾害与防治学报，2006，（02）：123-125.

[114] 姜黎．保定市平原区浅层地下水动态变化规律分析［J］．河北水利，2015，（04）：26.

[115] 李翔．低碳双掺钢渣混凝土的试验研究［D］．西安建筑科技大学，2013.

[116] 谭忠盛，陈雪莹，王秀英，等．城市地下综合管廊建设管理模式及关键技术［J］．隧道建设，2016，36（10）：1177-1189.

[117] 赵丽虹．基于联络性规划方法的总体规划编制探索：以阜平县城乡总体规划为例［A］．中国城市规划学会．城乡治理与规划改革：2014中国城市规划年会论文集（09城市总体规划）［C］．中国城市规划学会：2014：11.

[118] 张正．阜平县国土局夯实举措 强力推进土地综合开发［J］．公关世界，2016，（13）：128.

[119] 张朝晖，廖杰龙，巨建涛，等．钢渣处理工艺与国内外钢渣利用技术［J］．钢铁研究学报，2013，25（07）：1-4.

[120] 刘娜，黄士周，杨三强，等．管廊工程钢渣配重混凝土材料设计与结构受力仿真分析［J］．长沙理工大学学报（自然科学版），2017，14（02）：26-32.

[121] 余磊．论高密度泵送混凝土的配制与施工［J］．建设科技，2014（16）：94-95.

[122] 王海龙．道路刚度识别理论及仿真研究［D］．南京理工大学，2014.